Zahi Souilah
Y. Mebdoua

Poliéster industrial reforçado com aditivos de enchimento disponíveis

Zahi Souilah
Y. Mebdoua

Poliéster industrial reforçado com aditivos de enchimento disponíveis

ScienciaScripts

Imprint

Any brand names and product names mentioned in this book are subject to trademark, brand or patent protection and are trademarks or registered trademarks of their respective holders. The use of brand names, product names, common names, trade names, product descriptions etc. even without a particular marking in this work is in no way to be construed to mean that such names may be regarded as unrestricted in respect of trademark and brand protection legislation and could thus be used by anyone.

Cover image: www.ingimage.com

This book is a translation from the original published under ISBN 978-620-2-27033-5.

Publisher:
Sciencia Scripts
is a trademark of
Dodo Books Indian Ocean Ltd. and OmniScriptum S.R.L publishing group

120 High Road, East Finchley, London, N2 9ED, United Kingdom
Str. Armeneasca 28/1, office 1, Chisinau MD-2012, Republic of Moldova, Europe
Printed at: see last page
ISBN: 978-620-5-76145-8

CONTEÚDO

1. Introdução

1.1 Declaração de problemas

Nos últimos anos, a procura de uma utilização máxima dos recursos naturais aumentou. Actualmente, a remoção de materiais e produtos residuais é um problema grande e global, enquanto que a reciclagem é a chave para resolver os resíduos não recicláveis. Contudo, esta exigência tem sido satisfeita de muitas formas diferentes de utilização de resíduos em novos produtos devido à utilização de diferentes recursos. Por exemplo, as centrais termoeléctricas a carvão são a principal fonte de produção de electricidade em muitos países industrializados. Só nos Estados Unidos são produzidos anualmente mais de um milhão de toneladas de resíduos de combustão de carvão, incluindo cerca de 63 milhões de toneladas de cinzas volantes. Quantidades semelhantes de cinzas volantes são estimadas noutros locais, incluindo Malásia, China, Europa, Índia e Rússia. Contudo, na Argélia, esses resíduos de cinzas volantes não existem devido à elevada dependência da gasolina e do gás. Os industriais e investigadores continuam à procura de melhores métodos para a utilização económica e segura dos resíduos. Resíduos industriais tais como serradura, cinza volante, casca de arroz e lama vermelha são utilizados como enchimentos adicionados a matrizes de poliéster e epoxi.

1.2 Motivação do projecto

Nos últimos anos, o esgotamento dos recursos naturais, tais como florestas e metais, está a aumentar. Isto pode levar à acumulação de uma grande quantidade de materiais residuais, incluindo serradura e cinzas volantes, sem uma gestão, processamento e reutilização adequados de tais matérias-primas. Isto pode exigir formas inovadoras de reduzir o consumo de recursos naturais sem comprometer as propriedades desejadas. A melhoria das propriedades que incluem, mas não se limitam a, mecânica, eléctrica, térmica, óptica de uma variedade de matrizes seleccionadas, tais como polímeros e metais, com a adição destes materiais residuais como cargas, pode tornar-se um trabalho muito desafiante. A motivação é basicamente ultrapassar estes problemas e continuar a utilizar materiais residuais para melhorar a degradação ambiental. Outra motivação é a disponibilidade imediata de aditivos e a simples preparação de amostras. Este capítulo irá definir os termos básicos utilizados neste estudo para dar uma melhor compreensão e uma imagem mais clara. Os objectivos, a definição do projecto e a informação básica são escritos em pormenor.

1.3 Objectivos do Projecto

1. Identificar partículas de cinzas volantes recolhidas numa central eléctrica alimentada a carvão localizada na Malásia.

2. Identificar as partículas de serradura recolhidas de um carpinteiro localizado na Argélia.

3. Preparar várias amostras sob a forma de compósito de poliéster reforçado com serradura e partículas de cinzas volantes.

4. Efectuar as caracterizações e testes mecânicos necessários.

5. O longo objectivo é criar um novo material estrutural composto como alternativa ao metal.

1.4 Definição do projecto

A ideia principal deste projecto é conseguir um excelente produto final composto de poliéster. A serradura e as cinzas volantes são utilizadas como material de enchimento adicionado à resina de poliéster. Para este fim, são feitas várias amostras de compósitos de enchimento-poliéster com diferentes percentagens pelo método de colocação manual. Depois disso, são utilizadas análises químicas e microscopia electrónica de varrimento (SEM) para estudar várias estruturas internas, a fim de alcançar as propriedades mecânicas necessárias. A fractografia é estudada, o que é apoiado pelo processamento de imagem. Finalmente, o projecto termina com a procura de uma aplicação adequada com base nas propriedades estudadas.

1.5 Antecedentes

1.5.1 Classificação dos Polímeros

Há várias formas de classificar os polímeros com base em algumas considerações especiais. Os químicos classificam os polímeros em vários grupos básicos, dependendo do método de síntese. As classificações gerais podem ser divididas em quatro ou mais grupos que: (1) classificação baseada numa fonte que inclui polímeros naturais, polímeros semi-sintéticos e polímeros sintéticos; (2) classificação baseada na estrutura dos polímeros, incluindo polímeros reticulados, ramificados e lineares; (3) a classificação baseada no processo de polimerização inclui polímeros de adição e polímeros de condensação; (4) um grupo de classificação baseado em forças moleculares e compreendendo polímeros termoplásticos e polímeros termoendurecíveis. Isto deve-se ao facto de os industriais e tecnólogos classificarem frequentemente os polímeros noutras categorias, dependendo das suas propriedades mecânicas únicas, tais como resistência à tracção, elasticidade, viscosidade, etc. Estas propriedades mecânicas são determinadas por forças intermoleculares, tais como Van-der- Waals e ligações de hidrogénio. Estas forças também ligam as cadeias de polímeros. Este grupo também pode ser classificado de outras formas. Por exemplo, muitas variedades de borracha são frequentemente chamadas elastómeros, Dacron é fibra, e acetato de polivinilo é um adesivo, e (5) classificação de biopolímeros, incluindo polipéptidos (heteropolímero de aminoácido proteico), ácidos nucleicos (RNA / ADN) e polissacáridos (açúcares).

1.5.2 Termoplásticos

Quase 85% dos polímeros produzidos em todo o mundo são termoplásticos[1]. Podem ser divididos em duas classes amplas, amorfa e cristalina. Estes são materiais que podem ser derretidos pelo calor. Tanto as ligações fracas como não covalentes são violadas no derretimento. O derretimento pode ser formado em várias formas, chamadas plásticos. Ambos os tipos de polímeros de adição e de condensação podem ser classificados desta forma. Exemplos conhecidos incluem polietilenos (PE), polipropileno isotático (PP), poliestireno (PS), cloreto de polivinilo (PVC), acrílico, terpolímeros de acrilonitrilo-butadieno-estireno (ABS) e poliestireno resistente ao impacto (HIPS), acetais, poliamidas, policarbonato, poliésteres, óxido de polifenileno e as suas misturas são cada vez mais utilizados em aplicações de alto desempenho. O quadro 1 mostra as propriedades, aplicações e utilizações dos materiais termoplásticos

Quadro 1. Materiais termoplásticos industriais

Nome	Imóveis	Aplicações e Utilizações
Acetal	Extremamente duro, alto ponto de fusão, alta resistência, boas propriedades de fricção, resistência à fadiga	Mecanismos, rolamentos, buchas, cames, caixas, transportadores, canalizações, tampas de garrafas de gás, puxadores de portas de automóveis, componentes de cintos de segurança e pára-raios
Acrílicos	Extremamente duro, alto ponto de fusão, alta resistência, boas propriedades de fricção, resistência à fadiga	Mecanismos, rolamentos, buchas, cames, caixas, transportadores, canalizações, tampas de garrafas de gás, puxadores de portas de automóveis, componentes de cintos de segurança e pára-raios
AcrilonitriloButadieno-Estireno (ABS)	Excelente resistência ao impacto e elevada resistência mecânica, excelente como substrato para metalização	Instrumentos, peças para automóveis, tubos, máquinas comerciais, componentes para telefones, chuveiros, puxadores de portas, puxadores de grua e grelhas frontais para automóveis
Nylon	A sua estabilidade e adaptabilidade são conhecidas	Peças automotivas, aplicações eléctricas e electrónicas e embalagem
PoliamidaImida	Propriedades mecânicas, térmicas e quimicamente resistentes excepcionais	Aeroespacial, maquinaria pesada e indústria automóvel
Poliarilatos	Conhecida pela sua resistência, tenacidade, resistência química e pontos de fusão elevados	Automóvel, electrodomésticos, equipamento eléctrico e electrónico, utensílios e iluminação exterior
Polibutileno	Conhecida pela sua elevada flexibilidade, resistência à fluência, resistência à fissuração e resistência química	Película tubular e de embalagem
Policarbonato	Excelentes características de isolamento eléctrico, forte e rígido	Dispositivos e aplicações eléctricas e electrónicas
Polietileno	Disponível numa vasta gama de flexibilidade e propriedades, resistente e resistente à humidade	Filmes de embalagem, artigos domésticos, brinquedos, recipientes, canos, tambores, tanques de gás e revestimentos

Policetonas	Resistente aos solventes e com grandes propriedades mecânicas	Dispositivos, aplicações industriais, aplicações eléctricas e electrónicas, aplicações automóveis, rolamentos, engrenagens, mangueiras e tubos
Óxido de Polifenileno, Modificado	Baixos níveis de absorção de humidade, boas propriedades eléctricas numa vasta gama de temperaturas e de humidade, resistentes à maioria dos produtos químicos	Aplicações eléctricas e electrónicas, dispositivos, peças para automóveis, peças para máquinas comerciais
Sulfureto de Polifenileno	Excelente resistência ao calor, bem como excelente resistência química, elevada rigidez e boa preservação das propriedades mecânicas a temperaturas elevadas	Aplicações eléctricas e electrónicas e peças para automóveis
Polipropileno	Material leve, cerca de 95% de ar e com muito boas propriedades isolantes	Embalagens e produtos alimentares, peças para automóveis, brinquedos, artigos domésticos, peças para equipamento, azulejos de parede, caixas para rádio e televisão, mobiliário, carros alegóricos e bagagem
Estireno acrilonitrilo	Boa resistência química, alta resistência ao calor, excelente transparência, boa estabilidade dimensional e alta rigidez	Painéis de instrumentos para automóveis e acabamentos interiores e artigos para a casa
Sulfone Polímeros	Resistente ao calor, pode ser fundido com tolerâncias rigorosas, apresenta baixa fluência, excelente	Aplicações eléctricas e electrónicas e peças para automóveis
	resistência à oxidação e força compressiva	
Poliéster Termoplástico (Saturado)	Alta cristalina, dura, forte e extremamente dura	película de raios X, fita magnética (áudio, vídeo e computador); embalagem; película metalizada, encadernação e etiquetas

1.5.3 Termofixos

Os plásticos termoendurecíveis são materiais que derretem no início do aquecimento, mas que se solidificam permanentemente com o calor crescente devido às ligações covalentes existentes. Quimicamente, os plásticos termoendurecíveis são polímeros reticulados. As resinas termoendurecíveis convencionais são poliésteres insaturados, resinas fenólicas, resinas amínicas, resinas de ureia/formaldeído, poliuretanos, resinas epoxídicas e silicones. As resinas termoendurecíveis são tipicamente líquidos de baixa viscosidade ou um sólido de baixo peso molecular que são formulados utilizando aditivos adequados conhecidos como agentes reticulantes para induzir a cura e com cargas ou reforços fibrosos para melhorar as propriedades, bem como a estabilidade térmica e dimensional. Tem sido frequentemente observado que, devido à sua excessiva fragilidade, muitos termorets seriam quase inúteis se não fossem combinados com cargas e fibras de reforço[1] . As propriedades e utilização de materiais termoendurecíveis são apresentadas no Quadro 2.

Quadro 2. Materiais termoendurecíveis industriais

Nome	Imóveis	Aplicações e Utilizações
Alkyds	Excelente resistência ao calor, estabilidade estável nos componentes, excelente resistência dieléctrica	Aplicações eléctricas, tais como isolamento de comutadores, comutadores, invólucros, caixas, condensadores e encapsulamento de resistências, componentes e revestimentos para automóveis
BMC (Composto de moldagem a granel)	Muito resistente, à prova de choque, propriedades físicas e estéticas excepcionais, alta relação de resistência	Elementos do dispositivo, componentes eléctricos e eléctricos, componentes HVAC, caixas de iluminação industrial, automóvel, paredes divisórias de iluminação embutidas
Diallyl Phthalate (DAP)	Praticamente sem retracção após moldagem, alta resistência ao impacto, resistência a abalos súbitos e extremos e fortes tensões, recomendado para temperaturas muito altas, quimicamente resistente, resistente a fungos	Agente de reticulação, pós de moldagem termofixa, resinas de fundição e laminados, componentes militares, electrónicos
Epoxy	Praticamente sem retracção após moldagem, alta resistência ao impacto, resistência a abalos súbitos e extremos e fortes tensões, recomendado para temperaturas muito altas, quimicamente resistente, resistente a fungos	Adesivos, revestimentos de protecção em aparelhos, equipamento industrial, componentes de aviões, tubagens, tanques, recipientes sob pressão, equipamento e acessórios
Melamina-Formaldeído	Dureza extraordinária, excelentes propriedades de coloração e desempenho estável do arco	Artigos de mesa robustos, produtos domésticos, várias aplicações eléctricas, colagem, adesivos e
	sem seguimento.	Revestimentos
Fenólico	Excelente resistência dieléctrica, excelente resistência mecânica e estabilidade dimensional, resistência a altas temperaturas, resistência ao desgaste, baixa absorção de humidade, fácil de processar	Adesivos, resinas de injecção, resinas de laminação, aplicações eléctricas e electrónicas, automóvel, cabos para aparelhos eléctricos, bolas de esferas e pegas
Poliimidas	Possuem estabilidade térmica, boa resistência	Electrónica, tubos médicos, adesivos,

	química, excelentes propriedades mecânicas, têm uma fluência muito baixa e alta resistência à tracção, inerentemente resistentes à combustão de chamas, a maioria deles têm uma classificação UL para VTM-0	engrenagens, tampas, buchas, anéis de pistão e sedes de válvulas
SMC (Sheet Molding Compound)	Capacidade de produção muito elevada, excelente reprodutibilidade de peças, e é económica	Equipamento eléctrico, requisitos de resistência à corrosão, componentes estruturais a preços baixos, automóvel e trânsito
Poliéster Termoconvertível	Baixo custo, alta relação entre força e peso, estabilidade, excelente retenção de propriedades físicas a altas temperaturas	Elementos do dispositivo, componentes eléctricos e eléctricos, componentes HVAC, caixas de iluminação industrial, automóvel, paredes divisórias de iluminação embutidas
UreiaFormaldeído	Material muito duro, resistente a riscos, com boa resistência química, propriedades eléctricas e resistência ao calor	Produtos eléctricos e electrónicos, produtos decorativos, laminados e revestimentos quimicamente resistentes

1.5.4 Termo-conjunto contra Metal

Fenólicos e poliésteres são os dois materiais mais frequentemente utilizados para a substituição de metais. A capacidade de moldar estes materiais em formas complexas torna-os rentáveis, e também elimina a necessidade de maquinagem mecânica de peças estruturais que proporcionam tolerâncias mais estreitas. A estabilidade dimensional destes materiais assegura que as tolerâncias próximas podem ser controladas e repetidas continuamente dentro de dez milésimos de polegada. No entanto, estes plásticos termoendurecíveis podem ser mais desenvolvidos para substituir vários materiais metálicos, aumentando a produtividade e reduzindo os custos. Isto é conseguido através de uma variedade de novas vantagens que incluem, mas não estão limitadas a, menor peso, resistência à amolgadela, resistência à corrosão, resistência ao calor, resistência à pressão, resistência ao impacto, propriedades de isolamento eléctrico, resistência à fluência, resistência química, rigidez, capacidade de altas temperaturas, estabilidade dimensional e flexibilidade de concepção. Por exemplo, um tanque de água representa uma poupança de custos significativa ao substituir um pedaço de aço inoxidável por plástico[2] . Esta peça é utilizada dentro dos geradores de vapor de geradores de vapor instantâneos para cozinhar.

1.5.5 Resina de poliéster

Os materiais poliméricos de poliéster são materiais com três componentes, nomeadamente pigmentos, resinas e aditivos. Os dois primeiros componentes são peças reactivas que são misturadas no fabricante. Os pigmentos são utilizados para dar cor, cobrir ou alcançar as propriedades desejadas. Antes da aplicação à resina, são submetidos a um primário preliminar. A maioria dos poliésteres são líquidos viscosos, de cor pálida, constituídos por uma solução de poliéster que é misturada com um solvente reactivo, um composto de estireno. Para além da acção como solvente, o estireno está envolvido no processo de polimerização. Materiais adicionais, tipicamente metiletilcetona (MEK) ou peróxido de benzoílo podem ser adicionados como um catalisador que inicia a reacção ou como um secador aditivo que ajuda no processo de cura. As resinas de poliéster incluem uma resina saturada de poliéster, uma resina alquídica, um éster vinílico e uma resina insaturada de poliéster. A resina de poliéster insaturada é um material termoformado que pode ser curado com uma substância líquida ou sólida sob as condições correctas. Normalmente refere-se a resinas de poliéster insaturadas como "resinas de poliéster" ou simplesmente como poliésteres. Estes poliésteres são feitos a partir de vários ácidos, glicóis e monómeros com propriedades diferentes. Actualmente, existem dois tipos principais de resina de poliéster utilizados como sistemas de laminação padrão na indústria dos compósitos. A resina de poliéster ortoftálico é a resina económica padrão utilizada por muitas pessoas. A resina de poliéster isoftálico torna-se agora o material preferido em indústrias como a marinha, onde a sua excelente resistência à água é desejada.

1.5.6 Vantagens da Resina Epóxida em Comparação com a Resina de Poliéster

Em qualquer aplicação estrutural de alta tecnologia onde a resistência, rigidez, durabilidade e leveza são necessárias, as resinas epoxídicas são consideradas como o padrão mínimo de desempenho para a matriz composta. É por isso que em aviões, aplicações aeroespaciais e barcos de corrida marítimos, as resinas epoxídicas têm sido a norma durante muitos anos. No entanto, 95% dos barcos até aos 18 m de hoje ainda são feitos de resina de poliéster. A principal consideração para a selecção de materiais para a maioria dos compositores é o custo e a produtividade. Tipicamente, as resinas epoxídicas são duas vezes mais caras do que as resinas de éster vinílico, mas as resinas de éter vinílico são duas vezes mais caras do que os poliésteres. Uma vez que a resina pode ser 40 a 50% em peso do componente composto, esta diferença de preço, como se viu, tem um efeito significativo no custo do laminado. No entanto, se se tiver em conta o custo de toda a estrutura (barco), o custo é relativamente insignificante, e o custo de maior qualidade e aumento a longo prazo da melhor durabilidade (portanto, maior custo de revenda) pode ser enorme. As resinas epóxidas têm vantagens sobre os poliésteres e os ésteres vinílicos em cinco áreas principais: (1) melhores propriedades de adesão ou capacidade de ligação ao reforço ou núcleo, (2) excelentes propriedades mecânicas, especialmente resistência e rigidez, (3) maior resistência à fadiga e microcrack, (4) redução da degradação da entrada de água (redução das propriedades devido à penetração de água), e (5) maior resistência à osmose (degradação da superfície devido à permeabilidade da água).

1.5.7 Aditivos para compósitos de polímeros

Exemplos podem ser materiais orgânicos ou inorgânicos, que podem incluir fibras, flocos, esferas e partículas. Os aditivos também podem ser classificados como contínuos, tais como fibras longas ou intermitentes (curtas), tais como fibras curtas. Além disso, os aditivos podem ser classificados como reforços, enchimentos ou cargas de reforço. O termo reforço pode indicar que o material é mais rígido e mais forte do que a matriz, resultando num aumento do módulo e da resistência. No entanto, outras propriedades, tais como expansão térmica, transparência ou estabilidade térmica, podem ser influenciadas. Os reforços contínuos são utilizados principalmente em matrizes termoendurecíveis e incluem fibras longas ou fitas que podem ocupar um volume muito grande em compósitos orientados. Neste projecto, o termo "reforço" é utilizado para aditivos intermitentes que incluem fibras curtas, flocos, plaquetas, esferas ou partículas irregulares que se distribuem ao longo da matriz contínua (Fig. 1).

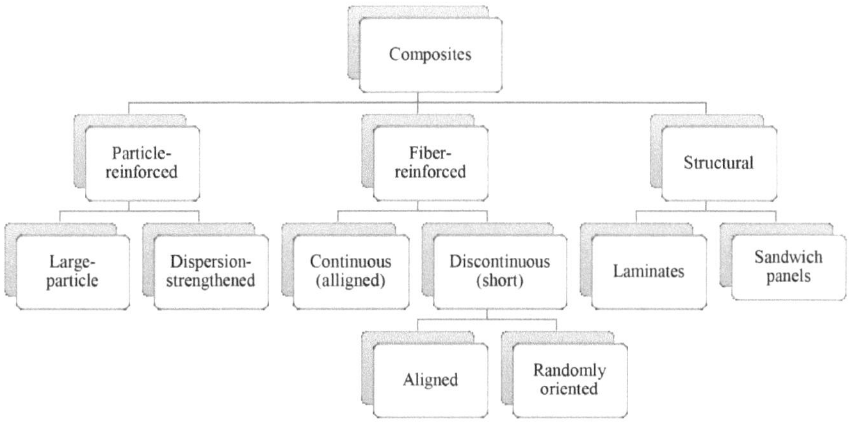

Fig 1. Esquema de classificação para os vários tipos de compósitos

1.5.8 Serradura e cinza de mosca

Na indústria florestal, especialmente no carpinteiro, uma grande quantidade de serradura (ou pó de madeira) está sempre disponível como resíduo. Embora a utilização de serradura não seja muito popular para compósitos de madeira-polímero, mas principalmente este material tem as vantagens dos materiais residuais das cinzas volantes. Em comparação com os dois materiais, vemos que as cinzas volantes provêm do carvão queimado, e o carvão provém das árvores petrificadas. Enquanto que a serradura vem directamente das árvores fossilizadas. Uma das obras mais interessantes é a transformação das cinzas e serradura em compósitos de madeira-polímero que se podem tornar um excelente material para mobiliário, revestimentos interiores de pavimentos, pavimentação e podem mesmo comportar-se muito melhor mesmo para mais aplicações, tais como automóveis e condutas de água. As cinzas volantes são um resíduo finamente dividido, formado como resultado da combustão de carvão pulverizado em centrais termoeléctricas. O desenvolvimento destas centrais eléctricas alimentadas a carvão tem suscitado uma preocupação crescente sobre a poluição causada pelas cinzas volantes produzidas nestas centrais. Isto também levou

11

a um interesse global na sua utilização.

1.5.9 Compostos

O compósito pode ser definido como uma mistura de pelo menos dois materiais diferentes. Os compósitos tornam-se muito importantes devido às suas grandes propriedades. Novos materiais com maior resistência e cargas mais elevadas que produzem maiores tensões são as mais recentes acrobacias. Isto pode ser conseguido através da utilização de novos compósitos. Os materiais compostos de polímeros e cargas mostram melhores propriedades do que os polímeros puros, incluindo um alto módulo de elasticidade, alta resistência, resistência ao calor, baixa permeabilidade a gases e inflamabilidade. As propriedades mecânicas dos compósitos dependem geralmente do tamanho e distribuição das cargas e da aderência interna entre a carga e as superfícies poliméricas.

2. Críticas da Literatura

2.1 Introdução

Esta secção de literatura está dividida em três subsecções. Na primeira subsecção, é considerado o trabalho de material de cinzas volantes. A cinza residual de mosca é uma micro-bola dura ou oca, que provém do carvão queimado. Trata-se de uma matéria-prima interessante, constituída por partículas cerâmicas à base de esferas de quartzo-alumina, que receberam grande atenção devido a exigências ambientais e de mercado. A segunda secção é dedicada aos materiais em serradura. A serradura, que sempre foi densificada para a produção de mobiliário, é um dos outros aditivos para polímeros. A serradura é amplamente utilizada como adsorvente de poluentes orgânicos, mas tem sido recentemente utilizada para reforçar os materiais poliméricos. Havia muito pouca literatura para estudar as características da serradura. No entanto, foi principalmente utilizada como adsorvente de poluentes orgânicos. Na terceira subsecção, considera-se o poliéster, reforçado com partículas de serradura. Os trabalhos encontrados foram principalmente os materiais da conferência. As matrizes poliméricas eram poliéster puro, resina epoxi e polipropileno (PP). As propriedades mecânicas foram moderadas principalmente devido a uma fraca ligação superficial. Outros materiais eram o cimento. Os detalhes são dados abaixo.

2.2 Cinzas de mosca

O poliéster, que é frequentemente reforçado com fibras, pode criar uma combinação poderosa quando reforçado com partículas de cinzas voadoras. Tanto as partículas de cinzas volantes recebidas como as tratadas à superfície na gama de 0 a 50% em peso foram utilizadas como cargas adicionadas ao poliéster insaturado, utilizando o método de colocação manual. As propriedades mecânicas dos compósitos foram avaliadas através de testes de dureza e tensão. O ensaio de impacto Charpy foi utilizado para determinar a quantidade de energia absorvida durante uma fractura. A microscopia electrónica de varrimento (SEM) e a espectrometria de raios X dispersiva de energia (EDS) foram utilizadas para identificar partículas de cinzas volantes e para observar fractógrafos de compósitos. Através das análises de densidade e SEM-EDS, foi identificado o tipo de cinzas volantes sólidas. Para as cinzas volantes tratadas superficialmente, o poliéster reforçado, a microdureza e as propriedades de tracção foram melhoradas com a adição de partículas de cinzas volantes. Muitas melhorias foram também alcançadas nos compósitos reforçados com cinzas volantes. Quanto à análise da resistência ao impacto, foi alcançado um excelente resultado em ambos os compósitos. As análises fractográfica, tribológica e de superfície confirmaram a distribuição uniforme e, consequentemente, a eficácia da ligação[3] .

O poliéster esgotado de uma elevada percentagem de partículas de cinzas volantes modificadas de superfície foi fabricado usando um sol-gel e métodos de colocação manual. A caracterização do pó de cinza mosca mostrou que as partículas de cerâmica eram do tipo sólido esférico e consistiam tanto de vidro como de fases cristalinas. Os compósitos foram submetidos a testes mecânicos e de Charpy, bem como a estudos de fissuras. Consequentemente, a dureza foi aumentada de forma linear. Os resultados necessários obtidos tanto nos ensaios mecânicos como nos ensaios Charpy, mostraram que foi obtida uma correlação positiva. A resistência à tracção de uma percentagem mais elevada foi reduzida devido à existência de grandes partículas, e o alongamento na ruptura foi reduzido devido à limitação da flexibilidade da cadeia molecular do poliéster. Por fim, as superfícies de destruição as excelentes composições mostraram que as partículas estavam fortemente ligadas à matriz de poliéster. Isto deve-se principalmente à existência de grupos razoáveis (-OH) nas superfícies das partículas[4] .

2.3 Serradura

Uma caldeira utilizada para queimar briquetes de madeira tinha uma potência nominal e a câmara de combustão tinha uma potência térmica de 35,4 kW. A câmara de combustão foi concebida para fornecer grandes peças de madeira e estava equipada com uma grelha clássica. O processo de combustão era muito instável, o que levou a uma combustão incompleta e a um grande número de emissões poluentes. A razão pela qual era muito difícil controlar o processo de combustão e fornecer ar à câmara de combustão. Ao longo do processo de combustão, as emissões de poluentes gasosos (especialmente *NOx*) tinham permanecido variáveis, principalmente em função da qualidade do processo de combustão[5] .

A serradura foi analisada usando espectroscopia de infravermelhos próximos (NIRS) e mínimos quadrados parciais ponderados localmente (LW-PLS). No estudo, foram recolhidas 110 amostras de biomassa e a tecnologia NIRS foi utilizada para prever a análise mais próxima das amostras. Os dados mostraram que NIRS em combinação com LW-PLS dá melhores resultados de previsão do que os métodos convencionais, tais como a regressão de componentes principais (PCR) e os mínimos quadrados parciais (PLS). Em mais detalhe, a abordagem LW-PLS foi testada para prever o conteúdo de carbono volátil, húmido, fixo e cinzas de serradura. Em comparação com o método PLS, a tecnologia LW-PLS distribuiu pesos de acordo com a semelhança das amostras de previsão e modelação, o que obviamente levou a um aumento na precisão e fiabilidade dos modelos de previsão[6] .

Biochar foi obtido por pirólise lenta de serradura de borracha e madeira (RWSD). Embora tenham sido publicados muitos estudos sobre o biochar a partir de biomassa, foi relatado um trabalho limitado sobre o RWSD em porosidades de superfície e grupos funcionais. A porosidade das superfícies biocáricas pode proporcionar um tamanho adequado para o crescimento do aglomerado de microrganismos e uma maior porosidade para uma melhor retenção de água. Os grupos funcionais superficiais contendo oxigénio podem ajudar a melhorar a fertilidade do solo aumentando as capacidades de troca catiónica e aniónica para reduzir a lixiviação de nutrientes no solo. O processo de pirólise foi realizado a temperaturas de 300 a 700° C com uma taxa de aquecimento de 5° C / min durante 3 horas com uma purga contínua de azoto. O efeito da temperatura de pirólise nos poros dos biocáridos foi examinado utilizando difracção de raios X (XRD), Brunauer- Emmett-Teller (BET), e análise por microscopia electrónica de varrimento (SEM). Grupos funcionais de superfície foram investigados utilizando uma transformada infravermelha de Fourier

(FT-IR)[7] .

Um estudo avaliou a capacidade de dois adsorventes baratos, que são serradura (TS-OH) e o seu análogo tratado alcalino (TS-ONa), para remover dois corantes básicos, nomeadamente, azul de metileno e verde metílico de soluções aquosas. A presença de novos grupos funcionais na superfície do TS-ONa leva a um aumento acentuado da polaridade da superfície e da densidade dos locais de sorção, aumentando assim a eficiência da sorção dos corantes catiónicos. Com base nos dados experimentais, o TS-ONa foi mais eficaz na remoção de corantes catiónicos de soluções aquosas, demonstrando capacidades de adsorção duas a três vezes superiores para estes corantes do que para aqueles que eram análogos TS-OH não tratados. Além disso, o adsorvente quimicamente modificado tinha funcionado eficazmente numa vasta gama de pH através de um processo de adsorção uniforme e rápido. A reutilização do material regenerado resultou apenas numa ligeira mudança na eficiência de adsorção. Finalmente, a elevada recuperação do adsorvente resultante do processo de regeneração permitiu-lhes considerar este material barato como um candidato promissor para a remoção de corantes básicos com a possibilidade de reutilização[8] .

A serradura disponível localmente, um material de perspectiva e custo muito baixo foi testado experimentalmente como adsorvente após carbonização para remover o fenol das águas residuais industriais para eliminação segura. As experiências foram realizadas através de um método periódico para remover o fenol de soluções aquosas sintetizadas. O nível de adsorção de equilíbrio foi determinado em função do pH da solução, temperatura, tempo de contacto, dose adsorvente e concentração inicial de adsorbato. Foram determinadas isotermas de adsorção de fenol em adsorventes e correlacionadas com as equações isotérmicas habituais, tais como Langmuir e Freundlich. As condições óptimas para a remoção do fenol, juntamente com a cinética do processo, foram trabalhadas. Concluíram que a serradura carbonizada (CAS) mostrou boa capacidade de adsorção para remover o fenol das águas residuais. Verificou-se que a adsorção de serradura dependia da temperatura, pH, concentração inicial de adsorbato, etc. A adsorção de fenol aumentou com o aumento da temperatura, e depois diminuiu. A cinética da adsorção de fenol no CAS poderia ser explicada utilizando um modelo de pseudo-segundo pedido. Os modelos de adsorção de Freundlich e Langmuir exprimiram o fenómeno de adsorção do fenol à serradura carbonizada. Consequentemente, a regressão linear dos dados experimentais mostrou que as equações de Freundlich mostram melhor os dados de adsorção de fenol[9] .

Foi dedicado um estudo à utilização de serradura activada quimicamente como adsorvente para reter iões de cobre (II) a partir de soluções aquosas sintetizadas. Foram realizadas medições experimentais alternadamente para estudar o efeito de vários parâmetros, tais como o tempo de contacto, o pH da solução, a concentração inicial de iões metálicos e o adsorvente. Os modelos de Langmuir e Freindlich foram testados para determinar as isotermas de adsorção, e foi estabelecido que os dados experimentais justificavam suficientemente a isotermia de adsorção de Langmuir, indicando a monocamada do revestimento com iões de cobre (II). O estudo cinético também incluiu testes da pseudo-cinética de primeira e segunda ordem, bem como o modelo de difusão intragrupo para uma boa compreensão do mecanismo de reacção. A utilização de serradura foi uma opção interessante tanto para o tratamento de águas residuais terciárias como um possível sorbente não convencional para a remoção de cobre e resíduos reciclados como fertilizante e composto[10] .

O tratamento de águas residuais para corantes e metais pesados utilizando serradura de pinho modificada como adsorvente foi utilizado para avaliar a possibilidade de remover o crómio hexavalente e o azul de metileno, tomados como espécies típicas de metais pesados e corantes, respectivamente, de soluções aquosas utilizando subprodutos industriais, em particular serradura, o que é bastante comum na Grécia e de muitas fontes. O material foi testado na sua forma bruta e após hidrólise ácida em condições suaves. Foram realizadas experiências de adsorção para estudar o efeito da dose de adsorção, pH, tempo de contacto e concentração inicial de adsorvente no processo de adsorção. A cinética de adsorção e o equilíbrio da adsorção foram estudados mais aprofundadamente utilizando os dados obtidos nas experiências. Chegou-se à conclusão de que o tratamento ácido da serradura de madeira melhorou significativamente as propriedades de adsorção dos materiais no que respeita à purificação de metais e corantes do meio aquoso. Este material barato e amplamente disponível pode ser utilizado como adsorvente alternativo para carvões activados comerciais. Além disso, dado que a serradura é um resíduo industrial, os materiais lignocelulósicos hidrolisados com ácido são produtos residuais industriais da produção de bioetanol, e o ácido sulfúrico pode ser isolado como líquido residual de várias operações químicas, este processo de produção modificada do adsorvente pode ser considerado como ocorrendo no âmbito da ecologia industrial[11] .

O carvão activado (AC) é um adsorvente orgânico e é utilizado principalmente para a adsorção de poluentes orgânicos voláteis. O AC foi feito a partir de serradura através do método de activação física utilizando gás CO_2. Antes do processo de activação, a biomassa era carbonizada sob o fluxo de gás N_2 a 600 ml / min durante 1 hora à temperatura apropriada para produzir carvão. Foi estudado o efeito da temperatura de activação (700 - 760° C) e do tempo (60 - 120 min) sobre o rendimento da massa e as características do carbono activado. Em geral, o rendimento de CA diminuiu quando aquecido a uma temperatura de activação mais alta e aumentou num período de tempo mais longo. Com a adsorção de azoto, foram determinadas a análise, a área de superfície e o volume de poros da CA. A uma temperatura mais elevada, a área da superfície e o volume dos poros aumentaram, mas o aquecimento excessivo poderia perturbar a estrutura dos poros. Depois, a eficiência do carvão activado foi testada do ponto de vista da capacidade de adsorção de gás e da fase líquida representada pelo benzeno e tricloroetileno, respectivamente. Os resultados preliminares mostraram que o AC pode adsorver eficazmente ambos os compostos[12] .

Foi estudada a modelação da biosorção de componentes mono e binários de fenol e cianeto a partir de uma solução aquosa para carvão activado obtido a partir de serradura. A biosorção é um método eficaz de purificação para remover o fenol e o cianeto de uma solução aquosa com carvão activado por serradura (SDAC). Foram realizadas experiências em lotes, dependendo de vários parâmetros experimentais. Foram também considerados parâmetros de estudos termodinâmicos. Concluíram que os estudos periódicos ofereceram informação importante sobre a biosorção de fenol e cianeto ao carbono activado em relação à dose óptima de biomassa, pH, temperatura, tempo e concentração inicial para maximizar a remoção de fenol e cianeto da solução aquosa. O estudo mostrou que o SDAC é um biosorbente eficaz para a remoção de fenol e cianeto[13].

Uma nova tecnologia de tratamento de águas residuais foi aplicada utilizando uma bio-mistura de estirpes seleccionadas de *Aspergillus terreus* ou *Rhizopus sexualis para* além da flora natural da serradura, sob a forma de um microtransportador móvel num sistema de lodo activado. Vários tipos de serradura compostagem têm sido utilizados como um transportador microbiano, suporte e fonte de nutrientes e enzimas para melhorar o processo de tratamento de águas residuais; com o objectivo de melhorar a qualidade das águas residuais tratadas e dos sedimentos formados. Em conclusão, pode dizer-se que a utilização de biomassa móvel em muitos processos de tratamento de águas residuais industriais pode ser vista como uma nova solução biotecnológica eficiente e barata para muitos problemas ambientais de resíduos industriais sólidos e/ou líquidos. Além disso, foi criado trabalho e confirmada a tecnologia de tratamento de resíduos e um passo nos programas de desenvolvimento sustentável[14].

2.4 Compostos e Cinzas Cimentos reforçados

As matrizes compostas de polímeros reforçadas com pó de madeira são um dos estudos épicos e pioneiros tanto do ponto de vista científico como económico nas últimas décadas, devido à compatibilidade ecológica e às propriedades estéticas. O pó de madeira é adequado e o enchimento primário para polímeros termoendurecíveis devido à sua eficiência económica, baixa densidade e elevadas propriedades específicas. É biodegradável e não abrasivo durante o processamento. O estudo foi realizado para avaliar o impacto de vários tipos de serradura nas propriedades dos materiais compostos. Na experiência, foi estudado o comportamento térmico dos compósitos reforçados com partículas de pó de madeira de diferentes espécies de árvores (três tipos de florestas). O tamanho é um parâmetro viável para controlar as propriedades dos materiais compósitos desenvolvidos. Como resultado, dois tamanhos diferentes de partículas, tais como partículas médias e grandes de madeira, foram utilizados para desenvolver compósitos e a sua condutividade térmica. Os resultados da experiência observada desta forma foram muito interessantes. Verificou-se que o poliéster puro tem uma condutividade térmica inferior ao conteúdo de qualquer poliéster reforçado com madeira, e verificou-se que a resistência da madeira ou a verdadeira densidade afectava a condutividade térmica do polímero no estado recebido. Com um aumento do conteúdo de partículas de pó, a condutividade térmica de todos os compósitos aumenta[15].

Foram relatadas as propriedades mecânicas dos compósitos epóxicos reforçados com pó de madeira. Os compósitos baseados no reforço de fibras naturais têm despertado grande interesse na investigação e engenharia nas últimas décadas devido à sua baixa densidade, alta resistência específica, baixo custo, leveza, reutilizabilidade e biodegradabilidade e ganharam uma categoria especial de um compósito verde. O compósito epoxi reforçado com pó de madeira Sundi foi tratado com sete cargas diferentes%. Foram realizados ensaios de tracção e flexão a três velocidades diferentes para estudar o comportamento mecânico dos compósitos. Concluíram que o comportamento mecânico do compósito epoxi reforçado com pó de madeira de Sundi foi estudado quando o conteúdo e a velocidade da massa de enchimento eram variados. Os resultados experimentais confirmaram que os compósitos epóxidos reforçados com pó de madeira foram fabricados com sucesso e que o sundi de pó de madeira tinha boas características de enchimento, uma vez que melhorava a resistência e as propriedades de flexão da resina polimérica. A carga máxima, tensão de tracção e deformação, bem como os valores de tensão de flexão e deformação foram máximos e mínimos no enchimento 10% e 15% em peso, respectivamente, a uma velocidade de 1 mm/min. Mas a resistência à tracção e à flexão foram máximas e mínimas ao nível de 10% do enchimento a uma velocidade de 2 mm/min e 0% de enchimento por peso, com uma velocidade de 1 mm/min, respectivamente. As melhores propriedades mecânicas foram observadas para um enchimento de 10% do peso e uma velocidade de 1 mm/min e uma velocidade de 2 mm/min[16].

Foi relatado o efeito do tratamento químico sobre as propriedades mecânicas e físicas das partículas de pó de serra de madeira, compostos de matriz polimérica reforçada, poliéster. O pó de madeira tem sido amplamente utilizado no reforço de polímeros tanto de um ponto de vista científico como comercial nas últimas décadas. Três tipos diferentes de pó de serra foram tratados com uma solução de NaOH de 10% separadamente. Tanto a madeira tratada quimicamente como a não tratada foi preparada com partículas de pó de serradura e foram estudados a sua resistência à tracção e comportamento de absorção de água. Para conhecer o comportamento da absorção de água, tanto a serradura tratada quimicamente como a não tratada, os compósitos de matriz polimérica reforçada, foram mantidos em água à temperatura ambiente em diferentes períodos de tempo. Os resultados experimentais mostraram que a resistência à tracção dos compósitos foi substancialmente aumentada devido ao tratamento químico das partículas de madeira. Após o cálculo da absorção de água, foi obtida uma parcela da percentagem de absorção de água em relação ao período de tempo. Verificou-se que o tratamento químico das partículas de madeira de reforço aumentou a absorção de água dos compósitos. Os resultados também mostraram que a absorção de água dos compósitos aumentou com o aumento da percentagem de partículas de madeira e do período de desagregação. A micrografia SEM dos compósitos demonstrou uma grande cavidade e bolha de ar nas superfícies da fractura por tracção dos compósitos[17].

Foi investigado o desenvolvimento da resistência do betão utilizando cimento a partir de cinzas de madeira e a utilização de modelos de cálculo suave para prever os parâmetros de resistência. As cinzas de madeira (WA), derivadas da queima descontrolada de serradura, foram avaliadas quanto à sua adequação como substituto parcial do cimento no betão convencional. As características físicas, químicas e mineralógicas do WA são apresentadas e analisadas. Foram avaliados e estudados os parâmetros de resistência (resistência à compressão, resistência à tracção e à flexão) do betão com mistura de cimento WA. Foram considerados dois rácios diferentes de ligante de água (0,4 e 0,45) e cinco percentagens diferentes de WA (5%, 10%, 15%, 18% e 20%), incluindo amostras de controlo para o rácio água-cimento. Concluem que (1) de acordo com a análise físico-química, a presença de um composto de base pozolânica de acordo com os requisitos das normas, a presença de partículas muito mais pequenas e, consequentemente, uma grande superfície por partícula torna o WA um material pozolânico, (2) os dados XRD mostraram que o WA continha sílica amorfa, o que o torna adequado para substituir o cimento por um material devido à sua elevada actividade pozolânica, (3) os parâmetros de resistência diminuíram ligeiramente com o aumento do teor de cinzas de madeira no betão, em comparação com a amostra de controlo. No entanto, a resistência resultante é ainda mais elevada do que a resistência alvo de 20 N/mm^2 . Além disso, a resistência aumentou com a idade devido a reacções pozolânicas, (4) assim, a utilização de WA num betão ajudou a convertê-lo do ambiente num recurso útil para a produção de um material cimentício alternativo altamente eficaz, e (5) o modelo estatístico de regressão vectorial (SVM) foi utilizado com sucesso para prever parâmetros de resistência desconhecidos. Assim, a aplicação do modelo computacional no betão foi aplicada com sucesso[18] .

Foi relatada uma panorâmica da inclusão de cinzas de resíduos de madeira como material parcial para a substituição de cimento para o fabrico de betão a partir de uma qualidade estrutural. Com o crescimento da industrialização, os produtos industriais (resíduos) acumulam-se em grande medida, o que leva a problemas ambientais e económicos associados ao seu enterramento. As cinzas de madeira são um resíduo formado pela queima de madeira e dos seus produtos (aparas, serradura, casca) para a produção de electricidade ou outros fins. O cimento é um produto industrial rico em energia e leva à libertação de uma enorme quantidade de gases com efeito de estufa, forçando os investigadores a procurar uma alternativa, tal como a prática de construção sustentável. O documento fornece uma visão geral do trabalho e estudos realizados sobre a incorporação de cinzas de madeira como substituição parcial do cimento no betão, de 1991 a 2012. Características das cinzas de madeira, tais como as suas características físicas, químicas, mineralógicas e elementares, bem como o efeito das cinzas de madeira em propriedades tais como trabalhabilidade, absorção de água, resistência à compressão, ensaio de rigidez flexural, ensaio de tracção, densidade aparente, permeabilidade aos cloretos, congelação e resistência ao ácido do betão. Verificaram que (1) a quantidade e a qualidade das cinzas de madeira podem variar dependendo de muitos factores, tais como a temperatura da queima, as espécies de madeira utilizadas e a tecnologia de combustão. Portanto, a análise adequada das cinzas de madeira é importante antes da sua utilização em betão, (2) as características químicas das cinzas de madeira variam por tipo de madeira, mas contêm principalmente cal e sílica, (3) as partículas de cinzas de madeira são mais grosseiras do que as partículas de cimento e têm uma superfície específica mais elevada em comparação com o cimento devido à natureza porosa e à forma irregular, (4) a incorporação de cinzas de madeira como substituição parcial de cimento reduz negativamente o depósito de betão, (5) há um aumento da absorção de água com um aumento da proporção de cinzas de madeira, (6) há uma redução marginal da força com uma percentagem crescente de cinzas de madeira em betão, mas aumenta com a idade devido a um aumento das reacções pozolânicas. A resistência à tracção também segue a mesma tendência, (7) a densidade de massa diminui gradualmente com o aumento da proporção de cinzas de madeira, (8) as cinzas de madeira em percentagem de substituição até 10% do peso do ligante podem ser utilizadas com sucesso como aditivo em vez de cimento para produzir betão com uma estrutura, (9) a substituição do cimento por cinzas de madeira não afecta negativamente a permeabilidade ao cloreto, (10) a incorporação das cinzas de madeira no betão não afecta negativamente a sua capacidade de resistir à resistência ao congelamento-degelo, (11) a redução significativa da retracção da secagem quando as cinzas de madeira são introduzidas, e (12) a absorção de água aumenta com o aumento da proporção de cinzas de madeira[19] .

3. Materiais e Preparativos

3.1 Introdução

Este capítulo descreve em pormenor os materiais e métodos utilizados para criar amostras compostas. Detalhes mais específicos devem ser encontrados nos capítulos seguintes. A primeira parte do capítulo especifica a concepção e fabrico da forma desejada do molde, que forma uma resina dura misturada com ou sem cargas. Esta secção representa os diferentes tipos de caracterização e métodos de ensaio utilizados para estudar cinzas volantes, serradura e compósitos. A estrutura da metodologia pode ser resumida da seguinte forma: as matérias-primas recolhidas foram quimicamente e fisicamente caracterizadas, e depois sujeitas à fabricação. Na caracterização, foram realizados microscopia electrónica de varrimento (SEM), difracção de raios X (DRX), e um espectrómetro de micro-Raman. A densidade, tamanho e forma das partículas são determinados a partir da caracterização. Para testar as amostras fabricadas para a indústria, foram necessárias a dureza mecânica e as propriedades de resistência à tracção. Foram também estudadas várias microestruturas internas suportadas por processamento de imagem.

3.2 Design e fabrico de moldes

Foram feitas várias formas de moldes para vários espécimes de teste, tais como ensaios de dureza e de tracção, e foram feitos em blocos de alumínio ou de aço. As amostras de dureza foram concebidas de acordo com a designação padrão E 384. As amostras de tracção foram preparadas em conformidade com a norma ASTMD-638-I, com um comprimento de 57 mm, uma largura de via de 13 mm e uma espessura de 3,2 mm. Seguindo a norma, cada amostra tinha uma composição de 5 amostras idênticas para garantir a precisão. O molde é fabricado utilizando fresagem CNC após o desenho, utilizando software de desenho, tal como CATIA, AutoCAD Inventor ou SolidWorks. As coordenadas dos padrões geométricos foram obtidas a partir do desenho de construção.

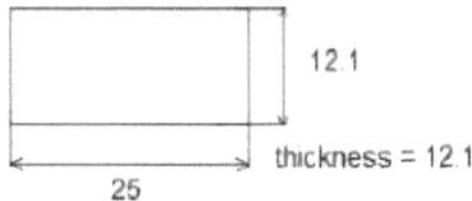

Fig. 2. Normas de dureza E384 e desenho do AutoCAD

3.3 Materiais e Equipamento

As cinzas volantes foram obtidas da central eléctrica Jimah Port Dickson, Malásia. Foram escolhidos dois tipos de cinzas de mosca, que são as cinzas de mosca recebidas e as cinzas de mosca tratadas à superfície. A melhor serradura foi obtida a partir de uma oficina de carpintaria local. Como este é o resíduo mais fino que se formou durante a serração da madeira, a serradura é diferente para a madeira de cada carpinteiro. A diferença pode estar na sua composição química.

A resina fundida de poliéster Crystics 9293 foi comprada a uma empresa internacional. O poliéster é uma resina de poliéster de baixa viscosidade, insaturada, baixa reactividade e pré-promoção para cura à temperatura ambiente quando iniciada com MEKP Catalyst. O material tem as características e vantagens de baixa retracção, resistente à intempérie, boa libertação de ar e contribui especialmente para uma gelificação e tempo de cura curtos. Havia uma resina líquida transparente rosa ou violeta (não pigmentada). As principais características da resina são o poliéster insaturado ortoftálico, pré-acelerado, não tixotrópico, com baixa reactividade, capaz de aceitar uma carga de enchimento elevada, taxa de cura controlada e encolhimento controlado. A informação da moldagem é uma moldagem manual por injecção com fillers ou uma máquina de fundição com filler. As principais aplicações são a fundição decorativa - mármore sintético (adequado para secções grossas), normalmente moldagens com enchimento. O mecanismo de mudança de cor é incorporado nos cristais 9293 para indicar a presença do catalisador. Contém (estireno e metacrilato de metilo).

O Akperox A50 Catalyst (MEKP) é um peróxido de metiletilcetona num flegmatizador para a cura de resinas poliéster insaturadas à temperatura ambiente, em combinação com aceleradores de cobalto. Em particular, é adequado para aplicar um revestimento em gel com baixo teor de água comprovado, por exemplo, para a produção de tubos, aplicações marítimas e armários. Uma composição do iniciador MEKP não pode fornecer resultados óptimos em todos os sistemas de resina. A avaliação de cada MEKP em cada resina destinada a utilização é absolutamente necessária antes de tentar completar a produção.

Os blocos de alumínio e aço de tamanho padrão foram fresados para testes mecânicos. O agente de remoção de bolor era amarelo e foi originalmente extraído de vegetais e recursos orgânicos. O principal objectivo era facilitar a remoção da amostra composta do molde. O etanol (álcool etílico, álcool de grão) é um líquido fisicamente transparente e incolor e é utilizado para tratamento de superfície. A acetona era um líquido orgânico, incolor e altamente inflamável e era utilizado para limpeza, especialmente na superfície do bloco de alumínio. O equipamento utilizado para fazer amostras compostas é um copo de vidro, pipeta, termómetro, espátula, luvas, máscaras, e cilindro de medição.

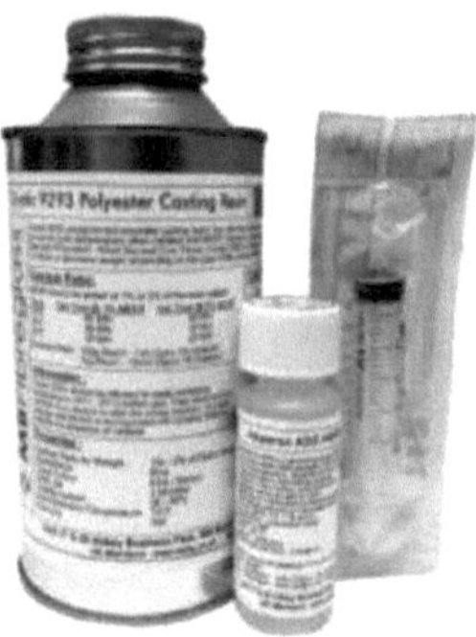

Fig 3. Resina de poliéster (garrafa grande) e endurecedor (garrafa pequena)

3.4 Fabrico de compósitos

Esta secção fornece procedimentos para a preparação de poliéster puro e composto de poliéster a partir de cinzas volantes e serradura. Foram produzidas oito composições diferentes. Cada composição consistiu em 5 amostras para testes padronizados.

Para uma amostra de poliéster puro, o molde foi limpo usando acetona para remover quaisquer impurezas da superfície do molde. O molde foi retido durante 10 minutos após a limpeza. A cera para libertar o molde é suavemente aplicada ao molde. Isto facilita a remoção de amostras do molde. Depois disto, o molde foi deixado a secar durante 10 minutos. O poliéster foi pesado utilizando uma máquina de pesagem digital. A quantidade necessária depende da percentagem de enchimento. A tecla tara da máquina de pesagem foi pressionada para reiniciar a leitura. Em seguida, o peso do endurecedor necessário foi lentamente vertido no copo utilizando uma pipeta. O peso do endurecedor utilizado foi 1% do peso do poliéster utilizado. A mistura de poliéster e endurecedor foi suavemente misturada utilizando uma espátula durante vários minutos. A mistura foi uniformemente vertida no molde e deixada curar durante 1-2 horas. As amostras foram cuidadosamente retiradas do molde usando uma lâmina para evitar qualquer dano. As amostras foram deixadas a curar à temperatura ambiente durante 24 horas. Depois disso, as amostras foram aquecidas no forno a 90° C durante 2 horas. Este processo chama-se pós-cura. O produto final deste processo é chamado poliéster puro.

Para um composto de poliéster feito de cinza mosca ou serradura, uma mistura de poliéster, filler e endurecedor foi suavemente misturada usando uma colher durante cerca de 10 minutos. A mistura foi uniformemente vertida no molde e deixada curar durante 1-2 horas. Os compósitos foram cuidadosamente retirados do molde usando uma lâmina para evitar qualquer dano. Os compósitos foram deixados em repouso à temperatura ambiente durante muitos dias. Depois disso, as amostras foram aquecidas no forno a 90° C durante 2 horas. Este processo chama-se pós-cura. O produto final deste processo chama-se serradura / cinzas volantes de compósitos de poliéster reforçados com serradura.

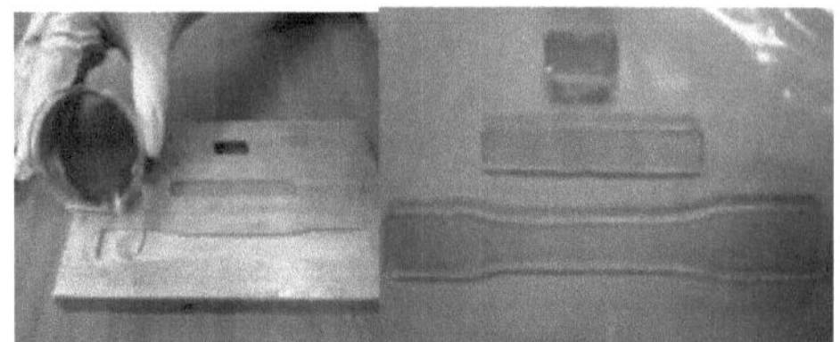

Fig 4. Amostras feitas de poliéster

3.5 Caracterizações

O microscópio electrónico de varrimento (SEM), tal como o Jeol JSM-6360LV, é uma ferramenta totalmente digital que pode visualizar amostras com uma imagem electrónica secundária (SEI), uma imagem de retrodifusão electrónica (BEI) em condições de alto vácuo ou sob baixo vácuo. O objectivo da utilização de SEM é o estudo da microestrutura dos enchimentos, bem como a realização de estudos de fractura de amostras. Antes de realizar SEM, uma parte representativa do enchimento foi aspergida sobre uma fita de dupla face e montada sobre tampões de alumínio. As amostras foram então revestidas com uma película fina de ouro-paládio (30% ouro, 70% paládio) utilizando uma máquina. O processo de revestimento é necessário para captar uma imagem de alta qualidade para SEM. As amostras revestidas foram então colocadas em cima de uma base cilíndrica e introduzidas na SEM. Os feixes electrónicos digitalizaram as amostras e as imagens formadas.

A análise por difracção de raios X (XRD), tal como o difractómetro D8 Advance-Bruker, é um método eficaz de identificação da estrutura cristalina dos materiais. Os raios X emitidos com comprimentos de onda conhecidos passam através das partículas do pó. A onda difratada do cristal dá uma imagem única dos picos reflectidos dos iões com diferentes ângulos e intensidades. O detector de raios X varre a amostra, mede a intensidade da posição do pico, e depois, se necessário, em comparação com a estrutura material conhecida para identificação dos elementos. Para este estudo, os padrões de difracção de raios X foram recolhidos à temperatura ambiente utilizando radiação monocromatizada de Cu-grafite (λ = 1,54060 Å) com um intervalo de divergência de 0,5° e um incremento de 2Θ entre 10° e 90°. Para identificar as fases, foram analisados os padrões de difracção.

O sistema LabRAM HR Evolution foi utilizado. É ideal para medições micro e macro, e também oferece capacidades avançadas de imagem confocal em 2D e 3D. Um verdadeiro microscópio confocal permite obter as imagens mais detalhadas e análises com rapidez e confiança. O sistema é amplamente utilizado para análises padrão de dispersão Raman. A dispersão Raman de vários dados iniciais e amostras foi registada num espectrómetro de micro-Raman confocal utilizando um laser de díodo com um comprimento de onda de excitação de 633 para amostras e 785 nm para pós. Todas as medições foram efectuadas à temperatura ambiente com uma potência laser de 0,1 mW e um tempo de recolha de 3-30 segundos. Pode cobrir a amostra de UV a NIR. É compatível com uma vasta gama de comprimentos de onda laser, e a capacidade de montar até três detectores permite que a gama de comprimentos de onda de medição seja alargada de 200 a 2100 cm^{-1} . A configuração UV optimizada oferece a melhor solução para a análise da radiação UV com um comprimento de onda inferior a 400 nm. Tais características são descobertas por outros métodos espectroscópicos, tais como UV Raman, Raman ressonante e fotoluminescência, o que permite uma descrição detalhada das características das amostras de uma variedade de materiais diferentes.

3.6 Produtividade, desempenho ou testes

Em geral, existem vários tipos de ensaios mecânicos que ajudam a estudar as características dos compósitos. Para este projecto, são considerados dois tipos de testes, que são a dureza e a tensão. No entanto, como este projecto será associado a materiais compósitos estruturais, os ensaios de tracção são menos importantes. É possível utilizar vários materiais, tais como aço inoxidável, ligas de alumínio e madeira, que irão cobrir os compósitos.

Os ensaios de dureza desempenham um papel importante na engenharia e nos ensaios mecânicos. O objectivo desta experiência é determinar a dureza de um composto de poliéster feito de cinzas volantes ou serradura. As análises estatísticas, tais como média, desvio padrão, máximo, mínimo e intervalo, são calculadas automaticamente como resultado do ensaio. Antes de realizar o teste de dureza, é importante preparar correctamente toda a amostra, a fim de eliminar factores que possam afectar os resultados. Uma superfície uniforme das amostras foi obtida sem a utilização de uma trituradora modular.

O teste de dureza foi realizado utilizando um testador de Nanoindentação (NHT[3]). Assim, para cada amostra, foi tomada uma média de 20 valores de dureza com uma carga de 200 mN aplicada durante 12 segundos. A nanoindentação (NHT3) foi concebida para fornecer cargas baixas com medições de profundidade na escala nanométrica para medir a dureza, módulo de elasticidade, fluência, etc. O sistema pode ser utilizado para caracterizar materiais orgânicos, inorgânicos, duros e moles.

A densidade das partículas ou das amostras fabricadas pode ser determinada utilizando o método de Arquimedes. A definição geral da densidade, que é a relação massa/volume, é dada abaixo pela Equação 1. A conversão única é de 1 ml = 1 cm^3. Para a densidade das partículas, um cilindro de medição de 10 ml foi pesado utilizando uma máquina de pesagem digital. O peso médio do cilindro de medição foi anotado. Utilizando uma espátula, verter um cilindro de medição de 10 ml com enchimento em pó. Depois, o cilindro de medição cheio de partículas foi novamente pesado utilizando uma máquina de pesagem digital. O peso médio foi indicado. A diferença de massa entre o cilindro de medição cheio e vazio foi calculada. Depois disso, a densidade das partículas foi determinada utilizando a determinação da densidade, que é a relação massa/volume.

$$\rho\,(\mathrm{g/cm^3}) = m\,(\mathrm{g}) \,/\, V\,(\mathrm{cm^3}) \qquad (1)$$

3.7 Processamento de imagem

O processamento de imagem é o estudo de um algoritmo que toma uma imagem como um sinal de entrada e devolve a imagem como uma saída. As aplicações para processamento de imagem são amplas, incluindo medicina, segurança, biometria, imagens de satélite, redução de ruído, ajuste de contraste, detecção e segmentação de bordas e áreas. O objectivo de utilizar o processamento de imagem neste projecto é analisar tanto micro como macro imagens, o que implica a extracção de informação significativa.

4. Poliéster reforçado com partículas de cinzas volantes

4.1 Introdução

Este capítulo descreve todas as etapas necessárias à obtenção de um material composto bem sucedido. Representa todas as caracterizações e resultados de testes necessários para produzir um compósito de poliéster reforçado com partículas de cinzas voadoras. No final, a consolidação das cinzas volantes em madeira, e a descrição da bio-monitorização e avaliação do risco das cinzas volantes foram adicionadas.

4.2 Caracterizações e testes

As partículas de cinzas volantes podem ser utilizadas tanto em condições de recepção como em condições de superfície. Alega-se que os tratamentos de superfície das partículas podem melhorar as propriedades requeridas[20-23] . Neste projecto, o tratamento de superfície das cinzas de mosca foi preparado da seguinte forma. Vinte gramas de cinza mosca foram misturados com 20 ml de solução de etanol ($CH_3\text{-}CH_2\text{-}OH$) e 10 ml de água destilada (H_2O). A mistura foi mexida continuamente utilizando um agitador de placa quente a 70° C durante quase 30 minutos. As cinzas volantes tratadas à superfície foram então secas num forno a 110° C durante 1 hora. Poliéster puro e compostos correspondentes à equação de cinzas volantes de *poliéster-x*, onde *x* varia de 0 a 50% em peso, foram preparados pelo método de colocação manual. As partículas de cinza volante foram uniformemente misturadas com um sistema de matriz constituído por poliéster e endurecedor a 1%, e depois despejadas num molde.

A distribuição granulométrica das partículas de cinzas volantes foi analisada utilizando um analisador de tamanho Mastersizer 2000. As amostras utilizadas para esta experiência foram na forma de um pó. O pó foi aspirado por um sistema de evacuação a vácuo da máquina a uma pressão de 1 bar, e depois foi utilizado o software informático para calcular os tamanhos das partículas. O teste de dureza foi realizado utilizando um testador de dureza Mitutoyo Vickers. Para cada amostra, o valor médio da dureza era de 20 a uma carga de 9,81 N aplicada durante 12 segundos.

As amostras de tracção foram fabricadas de acordo com a norma ASTM D-638-I com um comprimento de calibre de 50 mm, uma largura de calibre de 13 mm e uma espessura de 3,2 mm. O ensaio de tracção foi realizado numa máquina de ensaio de tracção AG-1 100 KN SHIMADZU, aplicando gradualmente uma força de tensão axial para obter uma extensão axial de 0,2 mm / min. O ensaio de impacto Charpy foi realizado utilizando o modelo de ensaio HT-8041A com 7,5-J, e um pêndulo com 2,6 kg de peso. As amostras experimentais foram fundidas de acordo com a norma ASTM D-6110-10. As amostras têm um comprimento de 80 mm, uma largura de 10 mm e uma espessura de 4 mm. As superfícies de fractura das amostras submetidas a ensaios de tracção ou de impacto foram investigadas em microscópio electrónico de varrimento (SEM). As amostras foram revestidas preliminarmente com ouro num dispositivo de spray iónico, porque as cinzas volantes ou o composto fabricado são materiais não condutores. Esta camada de ouro serve como condutor do feixe de electrões para varrimento. A eficácia do tratamento foi estudada por processamento de imagem.

As propriedades físicas são primeiro descritas, que são o tamanho, a densidade e a forma das partículas. As partículas de cinza volante tratadas superficialmente tinham uma densidade de 1,12-1,17 g/cm^3 , indicando que a partícula era basicamente sólida, diferente da oca com uma densidade inferior a 1 g/cm^3 . A distribuição granulométrica das partículas modificadas de superfície é mostrada na figura 5. As partículas foram colocadas numa vasta gama de tamanhos, o que indicava que eram utilizadas partículas de tamanhos diferentes. A morfologia das partículas de cinzas volantes observadas com SEM é mostrada na figura 6. A morfologia consistiu principalmente em microesferas de partículas de silicato de alumínio alternando sem vestígios visíveis de partículas de carbono. As microesferas foram cobertas com elementos de etanol. No entanto, quase cada esfera foi formada pela mistura de partículas de cinzas volantes. Consistiam em regiões ricas em ferro em fase, enquanto a outra região era uma fase de alumina-silicato. A quantidade relativa de alumínio, silício e outros elementos variava de esfera para esfera. Por esta razão, os resultados do processamento da imagem na figura 7 são analisados. A imagem mostrou que existiam muitos tamanhos diferentes. O mais influente é que muitas aglomerações de partículas cerâmicas de alumina-silicato eram óbvias. Esta aglomeração deve-se principalmente à reacção química termodinâmica, que será discutida nas secções seguintes.

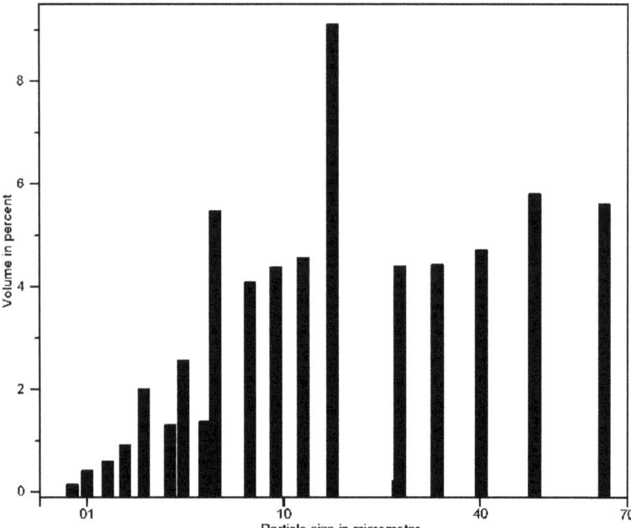

Fig 5. Distribuição granulométrica das partículas de cinzas volantes

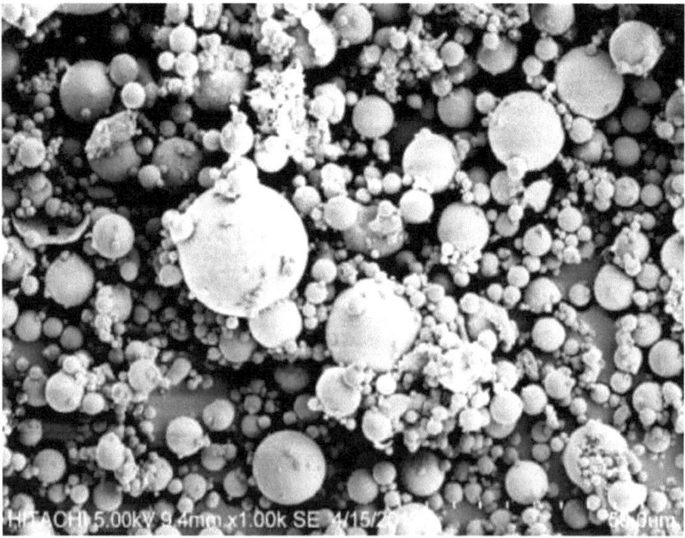

Fig 6. Morfologia das partículas de cinzas volantes tratadas à superfície

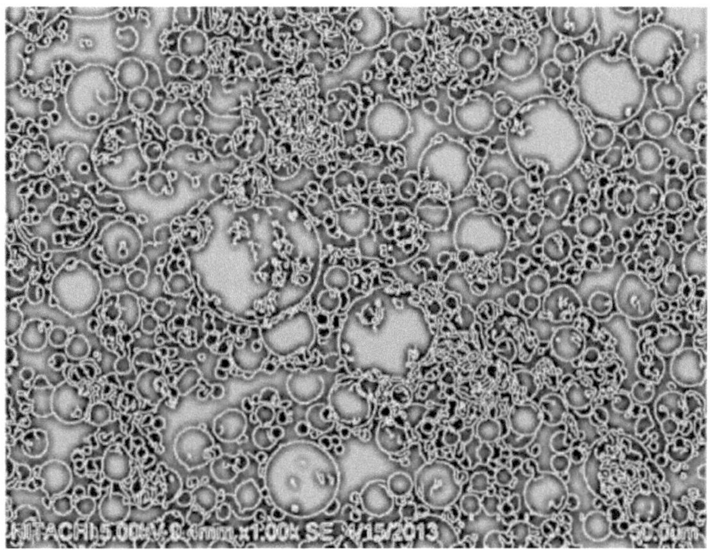

Fig. 7. A morfologia das partículas de cinzas volantes obtidas por processamento de imagem

As propriedades químicas das cinzas volantes são largamente afectadas, principalmente pelo tipo de carvão queimado. Foi amplamente divulgado que as cinzas volantes de classe F tinham propriedades pozolânicas e caracterizavam-se por uma soma de quartzo, alumina e óxido de ferro superior a 70%, enquanto as cinzas volantes de classe C tinham propriedades cimentícias e caracterizavam-se por uma soma inferior a 70%, devido ao elevado teor de Ca e Mg. As maiores e menores concentrações de elementos de cinzas volantes utilizadas neste estudo foram analisadas usando XRF e mostradas na Tabela 3, que era uma fase de vidro. Os compostos cristalinos foram identificados por difracção de raios X (XRD). As figuras 8-10 mostram a imagem de raios X das cinzas volantes recebidas, cinzas volantes tratadas à superfície e as cinzas volantes tratadas à superfície aquecidas a 700° C, respectivamente. Os diagramas indicam que houve uma transição da linha de base mínima indicando a existência da fase vítrea. A mudança nas fases cristalinas é também indicada pela intensidade, posição angular e o número de fases. Isto indicava uma mudança de fase das cinzas volantes, que pode ser mais estudada por reacções termodinâmicas. Os principais minerais correspondentes às intensidades de sinal são amplamente representados como quartzo (SiO_2), mulita ($Al_6Si_2O_{13}$), hematita fina (Fe_2O_3) e magnetita (Fe_3O_4).

Quadro 3. Análise XRF (percentagem de peso) das partículas de cinzas volantes recebidas

Elemento (wt. %)	O	Si	Al	Fe	K	Mg	Ca	Ti	Na	Mn	C
Cinzas recebidas	47.69	30.69	11.41	5.29	1.77	1.35	0.85	0.66	0.39	0	0
Cinzas de mosca tratadas	47.41	24.29	12.14	6.6	0.98	1.75	1.63	0.18	0.37	0.38	4.27

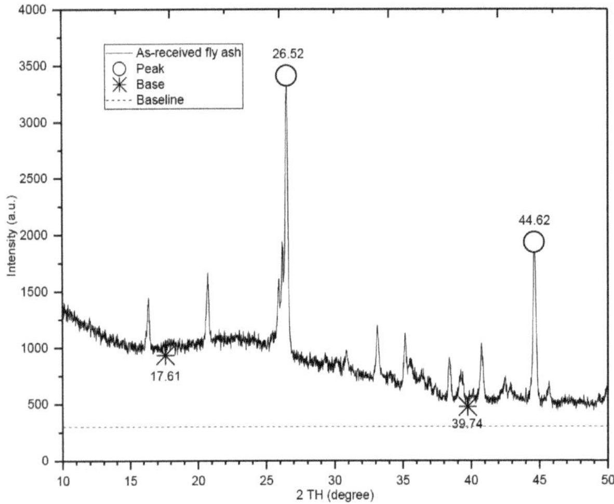

Fig 8. Diagramas XRD de partículas de cinzas volantes não-recebidas

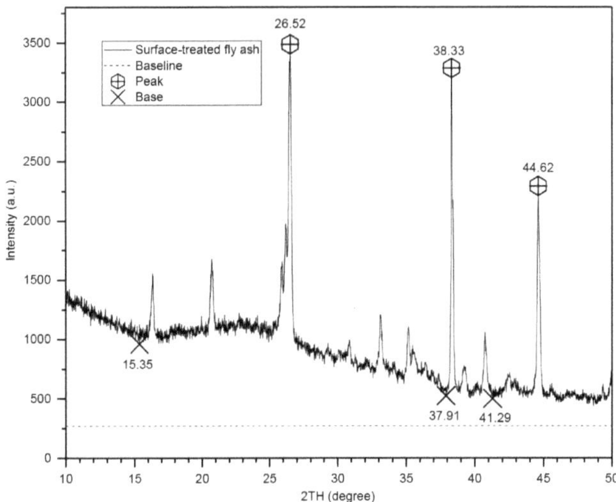

Fig 9. Diagramas XRD de partículas de cinzas volantes tratadas à superfície

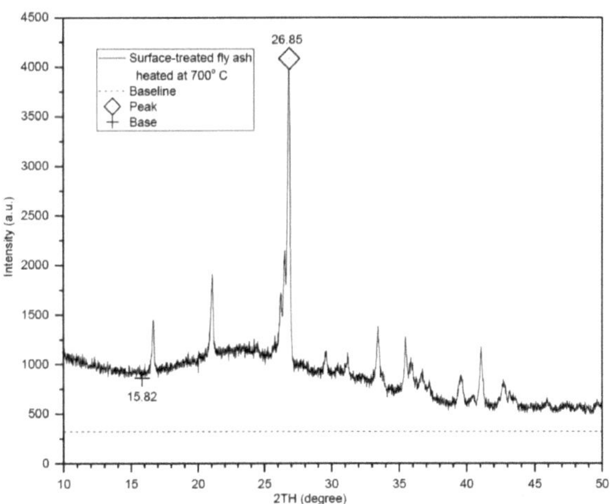

Fig 10. Diagramas XRD de partículas de cinzas volantes tratadas à superfície aquecidas a 700° C

As reacções termodinâmicas das cinzas volantes são relatadas noutro sítio[24] . Nas reacções de hidratação, sílica (SiO_2), alumina (Al_2O_3) e óxido de titânio (TiO_2) consomem hidróxidos, enquanto que os óxidos de ferro (Fe_2O_3), os álcalis de terra (CaO/MgO) e os álcalis (Na_2O/ K_2O) os dão. Consequentemente, as reacções da fase de cinza de mosca vítrea são as seguintes:

$$SiO_2 + 2OH^- \Leftrightarrow SiO_3^{2-} + H_2O \qquad (1)$$

$$Al_2O_3 + 2OH^- \Leftrightarrow 2AlO^{2-} + H_2O \qquad (2)$$

$$TiO_2 + OH^- \Leftrightarrow HTiO^{3-} \qquad (3)$$

$$Fe_2O_3 + 3H_2O \Leftrightarrow 2Fe^{3+} + 6OH^- \qquad (4)$$

CaO (MgO) e Na_2O (K_2O) reagem da seguinte forma:

$$CaO + H_2O \Leftrightarrow Ca^{2+} + 2OH^- \qquad (5)$$

$$Na_2O + H_2O \Leftrightarrow 2Na^+ + 2OH^- \qquad (6)$$

Consequentemente, podem ser obtidas várias reacções em várias condições existentes, dependendo do conteúdo alcalino e da temperatura da solução envolvente. Tem-se argumentado que tanto a sílica activa como a alumina reagem com cal hidratada e produzem variedades de produtos de silicato e aluminato que precipitam, nucleam e crescem nas superfícies das partículas de cinzas volantes. Estes reagentes, revestidos nas superfícies das partículas de cinzas volantes, não só alteram a morfologia da superfície das partículas de cinzas volantes, como também aumentam a brancura das partículas. Consequentemente, a seguinte equação (7) é a principal termodinamicamente possível.

$$SiO_3^{2-} + 2AlO^{2-} + Ca_2^+ + 2H_2O + 2OH^- \Leftrightarrow SiO^2 + Al_2O_3 + CaO + H_2O + 4OH^- \quad (7)$$

Em muitos aspectos, argumenta-se que uma camada fina desempenhará um papel significativo na redução das forças atractivas da partícula e contribuirá para a dispersão em meios matriciais. A mudança na morfologia da superfície das partículas pode ser lida da figura 11 para a figura 16. O revestimento de partículas depende de vários parâmetros que devem ser efectivamente controlados e corrigidos durante a reacção. As condições de tratamento utilizadas foram FA/(CH3-CH2-OH)/H2O, relações de peso de 1:1:0,5, 70-90° C, um aquecimento de 30 minutos com uma velocidade de agitação constante por minuto e 1 hora de aquecimento isotérmico a 110° C. As fotomicrografias SEM mostraram claramente a morfologia da superfície da cinza volante antes e depois do revestimento mostrado nas figuras 13 e 15, respectivamente. As micrografias SEM das superfícies tratadas à superfície mostraram a deposição da película fina, enquanto que a superfície não tratada tinha um aspecto diferente. Os resultados do processamento da imagem mostraram claramente as alterações. O enchimento distribuído ordenado no polímero deve dar uma maior resistência mecânica em comparação com a matriz de polímero puro.

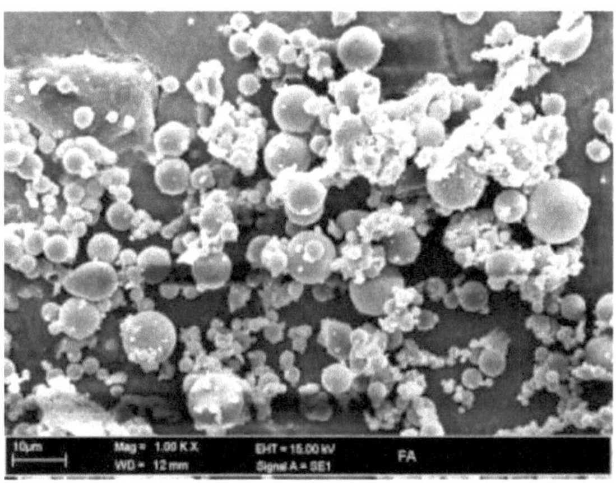

Fig. 11. A morfologia das partículas de cinzas volantes recebidas

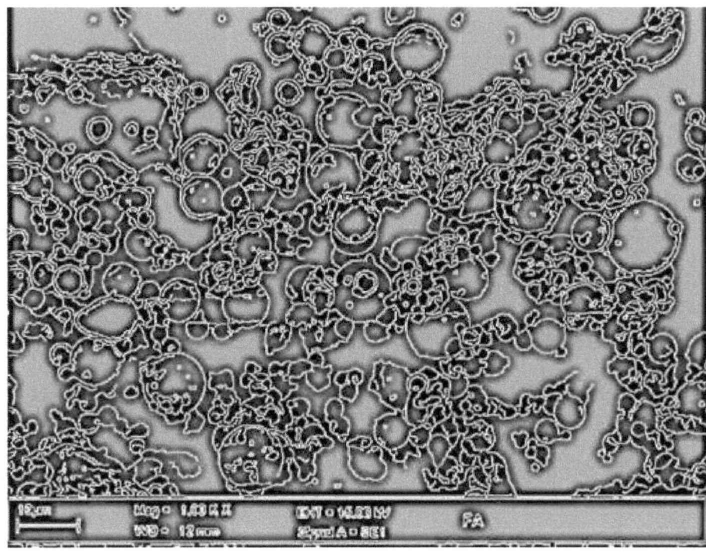

Fig 12. A morfologia das partículas recebidas no "as-received" obtidas por processamento de imagem

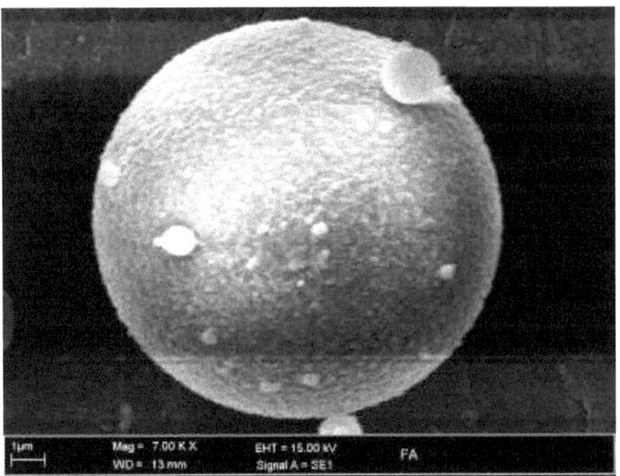

Fig 13. A morfologia de uma partícula no estado em que é recebida

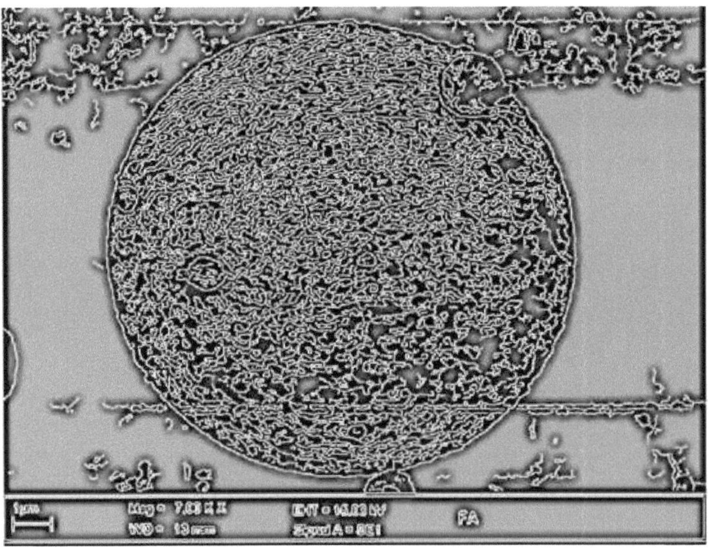

Fig 14. A morfologia de uma partícula no estado recebido, obtida por processamento de imagem

Fig 15. A morfologia de uma partícula tratada à superfície

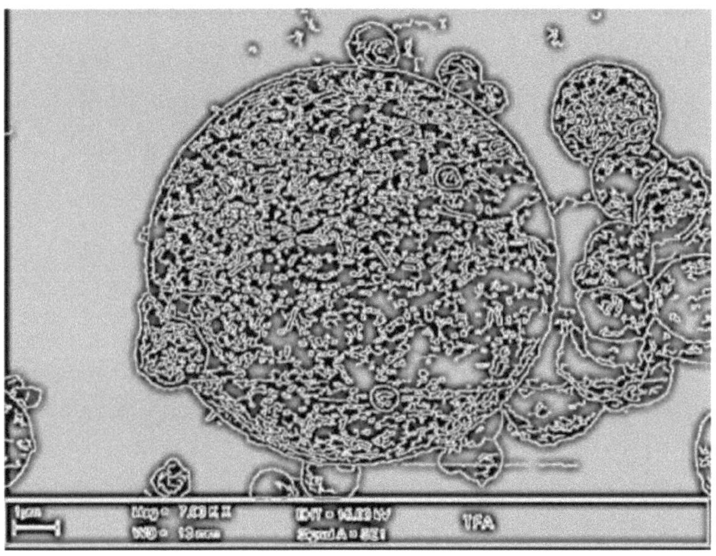

Fig 16. A morfologia de uma partícula tratada à superfície obtida por processamento de imagem

É geralmente relatado que a interacção das partículas de cinzas volantes com uma matriz de poliéster desempenha um papel decisivo na obtenção de uma maior resistência mecânica. Em geral, uma interface transparente, ou seja, livre de produtos de reacção, porosidade de partículas ou aglomeração de partículas, etc., é um requisito importante, que muitas vezes depende do método de fabrico. Sabe-se que, no estado atmosférico, as superfícies dos metais e óxidos metálicos são absorvidas/adsorvidas por um grupo ou iões hidroxil (-OH) funcionais, o que desempenha um papel decisivo no estabelecimento de uma ligação física com outros substratos. Além disso, os grupos hidroxil podem ser alterados na superfície da cinza volante por tratamento de superfície (Equação 1-7). Os poliésteres são compostos altamente moleculares formados a partir de álcoois polifuncionais e ácidos orgânicos, e incluem uma vasta gama de compostos. Portanto, o poliéster puro é uma reacção de condensação entre um álcool contendo grupos hidroxil [OH] e grupos carboxil [COOH] ácidos. Uma unidade é criada pela reacção de um grupo OH de uma molécula de álcool com uma do grupo ácido COOH (equação 8). A existência de grupos (-OH) na superfície das partículas deve tomar parte na formação de uma ligação de hidrogénio entre a cinza volante e a matriz. Numa cadeia molecular de poliéster parcialmente hidrolisada, a partícula de cinza mosca tratada mostrada na figura 17, passará entre os grupos funcionais (-OH) e (-COOCH3) de poliéster puro.

$$2 \ (HO.CH_2.CH_2.OH) + HOOC.C_6H_4.COOH \Leftrightarrow$$

$$(HO.CH_2.CH_2).COO.C_6H_4.COO.(CH_2.CH_2.OH) + 2 \ H_2O \qquad (8)$$

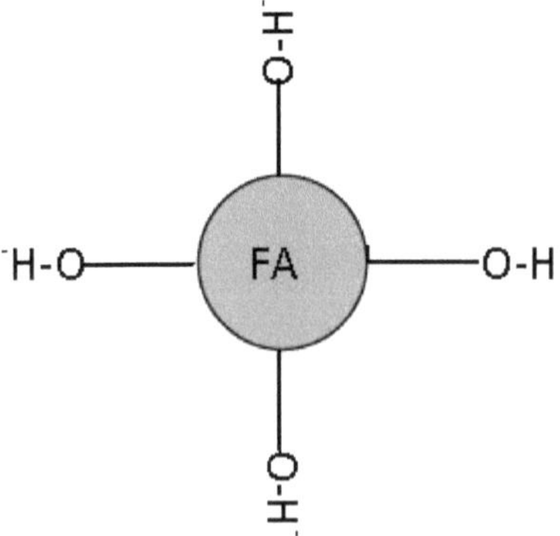

Fig 17. Polaridade dos grupos hidroxil na superfície da cinza volante

A microdureza das amostras obtidas a partir das partículas de cinzas volantes tratadas superficialmente é mostrada na figura 18. A dureza aumentou linearmente com o aumento da quantidade de cinzas de mosca. Por conseguinte, um aumento quase constante da dureza significa que as partículas de cinzas volantes foram incorporadas em componentes de poliéster (C-O-H) com uma distribuição uniforme de partículas. A dureza depende do módulo de elasticidade. Uma maior dureza significa que o módulo de elasticidade é também mais elevado. Tanto a dureza (HV) como o módulo de elasticidade (E) estão relacionados com a porosidade (ρ), e o conteúdo total de poros está directamente relacionado com a densidade. Isto significa que a densidade aumentou como resultado de poros mínimos. Tanto a densidade do poliéster insaturado como a densidade da cinza sólida da mosca utilizada neste estudo são quase iguais. Isto implicou que também foi obtido um composto leve.

Outras propriedades mecânicas podem ser resumidas como se segue. A resistência à tracção do poliéster curado era de 21 a 30 MPa inferior a 34 MPa de poliéster puro, mas a resistência aumentou em 8% com 20% de cinzas volantes. O módulo mais pequeno foi de 600 e 760 MPa para o poliéster puro e 50% de cinzas volantes de compósitos reforçados, respectivamente. O módulo E composto aumentou para 40 por cento com um aumento de 112 por cento. O alongamento na ruptura variou de 2,80 a 3,37 por cento, e o alongamento líquido do poliéster foi de 8,24 por cento. Verificou-se que o alongamento de ruptura foi reduzido em comparação com o valor médio de 7% de poliéster puro. A energia até à resistência máxima pode confirmar a resistência de ligação entre as partículas e a matriz na interface. O aumento das cinzas volantes causou uma menor absorção de energia em comparação com o poliéster puro.

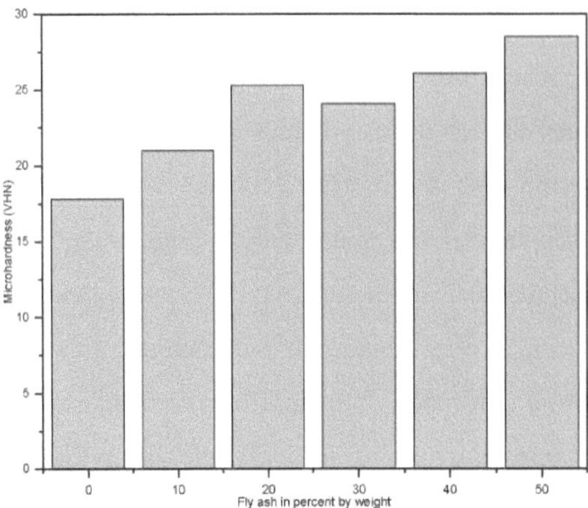

Fig 18. Microdureza das partículas de cinzas volantes tratadas à superfície

O módulo é mostrado na Figura 19 e aumentado com a adição de partículas de cinzas volantes. O grau de aumento foi superior ao do poliéster puro. Isto indica que a força da interacção não tem praticamente nenhum efeito sobre o módulo. Isto deve-se ao facto de o módulo ser um fenómeno com valores de deformação muito pequenos, dos quais surgem pequenas tensões. Tensões tão pequenas não são suficientes mesmo para quebrar interacções fracas na interface. Assim, pequenas tensões podem facilmente ser transferidas da matriz para o módulo de enchimento, o que permite ao módulo de enchimento contribuir para o composto com um módulo elevado. Um módulo de enchimento mais elevado reduz o módulo, possivelmente devido à super-saturação das concentrações de cinzas volantes, onde a área ou o contacto próximo entre o poliéster e as cinzas volantes diminuiu.

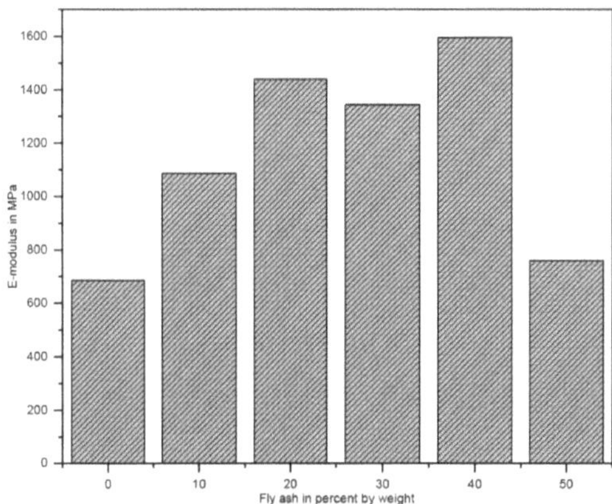

Fig 19. Módulo de partículas de cinzas volantes tratadas à superfície

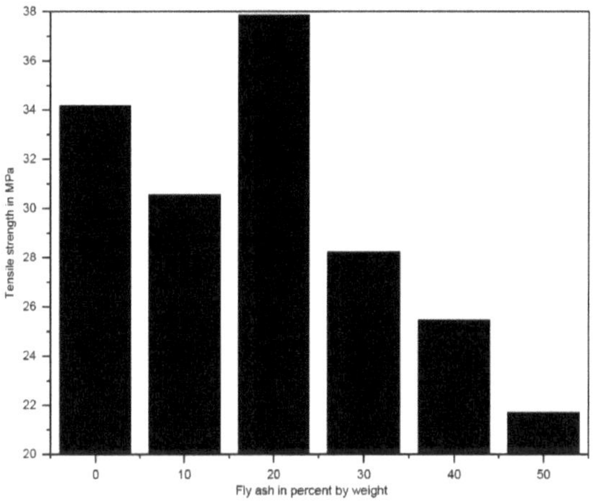

Fig 20. Resistência das partículas de cinzas de mosca tratadas à superfície

A força é mostrada na figura 20. A maior força deve-se à criação de interacções interfásicas mais fortes entre o poliéster e as cinzas volantes. Isto resulta numa maior transferência de carga entre o polímero e o enchimento, o que proporciona uma maior tensão no material antes da falha. A redução da resistência com o aumento do conteúdo de enchimento deve-se ao facto de a interacção entre as cargas e a matriz do polímero ser difícil.

A possibilidade de redução foi parcial ou total das aglomerações, o que causou defeitos no compósito devido à presença de fendas/vácuo entre as partículas e os aglomerados. A outra razão possível é a estrutura do poliéster que terá uma distribuição de enchimento preferível. A deformação em falha é mostrada na figura 21 e diminuiu com o aumento da adição de enchimento de cinzas volantes devido à interacção interfacial, o que limitou a flexibilidade da cadeia molecular do poliéster. A energia ao máximo das partículas de cinzas volantes tratadas à superfície mostrada na figura 22 mostrou que as partículas de cinzas volantes não irão segurar firmemente o polímero sem outros suportes.

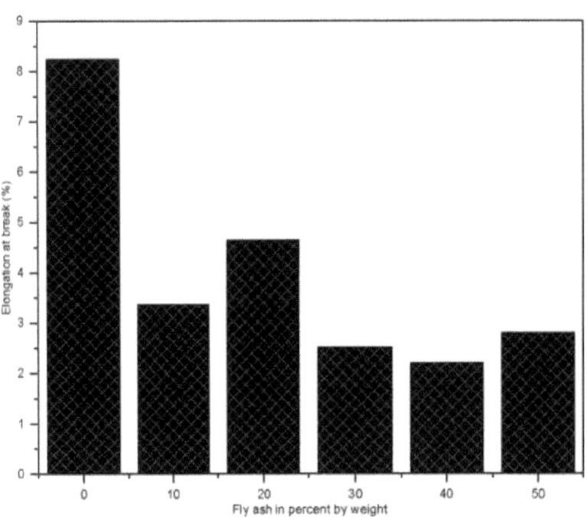

Fig 21. Alongamento de partículas de cinzas de mosca tratadas à superfície

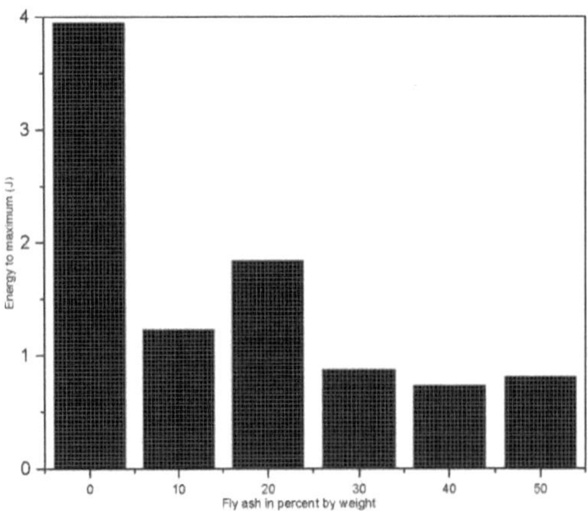

Fig 22. Energia ao máximo das partículas de cinzas volantes tratadas à superfície

A morfologia da fractura dos espécimes de teste de tracção é mostrada nas figuras 23 e 24. Observou-se que as superfícies da fractura não eram planas, mas ligeiramente rugosas. A morfologia da fractura também mostrou pequenos vazios, o que indicava uma falha macroscopicamente quebradiça, mas uma fractura microscopicamente plástica. A imagem SEM também mostrou que pequenas partículas de cinza mosca não desempenham um papel significativo na destruição. Afirma-se geralmente que os compósitos com o menor tamanho de partícula provaram ser melhores no aumento da força e alongamento relativo[25] . A concentração de vazios pode ser aumentada com a concentração de cinzas volantes, o que levou a uma diminuição do alongamento na ruptura. A morfologia da fractura também mostrou que muitas partículas de cinzas volantes permaneceram intactas em muitos locais, indicando uma boa ligação interfacial entre a matriz de poliéster e as partículas de cinzas volantes. Estas observações são confirmadas pelos seus resultados de processamento de imagem mostrados nas figuras 25 e 26. As imagens mostraram as fissuras dos compósitos que eram muito predominantes. Isto pode ser causado pelo polímero de estrutura a granel; provavelmente, a aglomeração ocorreu em partículas de cinzas volantes.

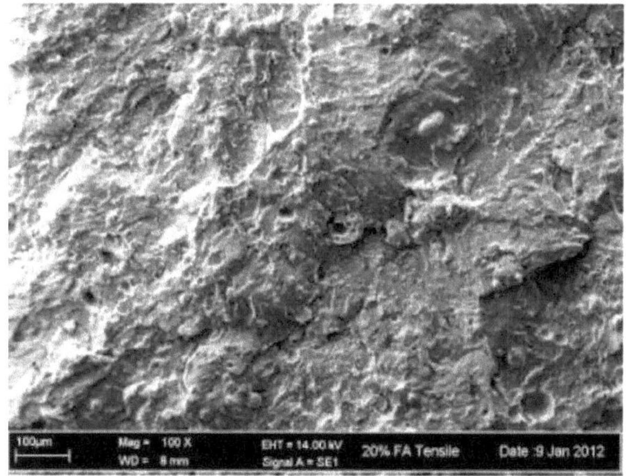

Fig 23. A morfologia da fractura das cinzas volantes tratadas à superfície (*100)

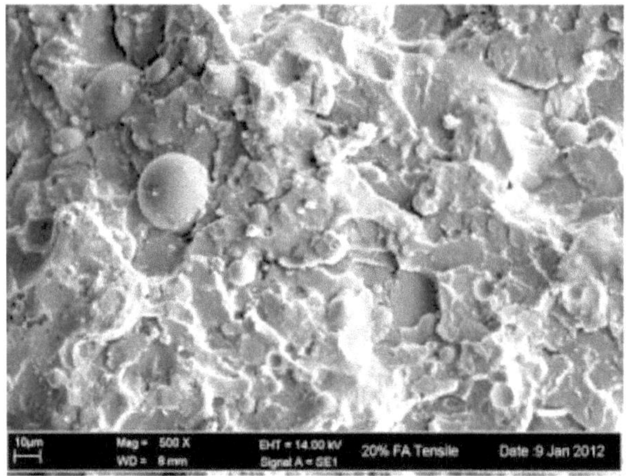

Fig. 24. A morfologia da fractura das cinzas volantes tratadas à superfície (*500)

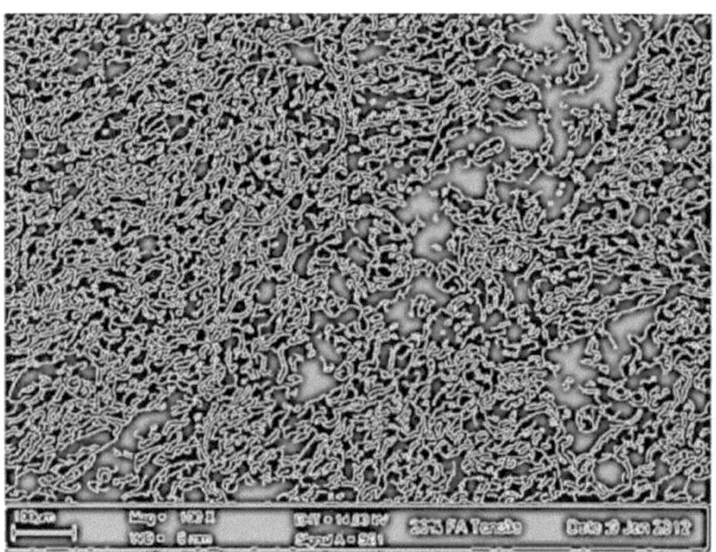

Fig 25. Resultados do processamento de imagens da morfologia da fractura das cinzas volantes tratadas à superfície

(*100)

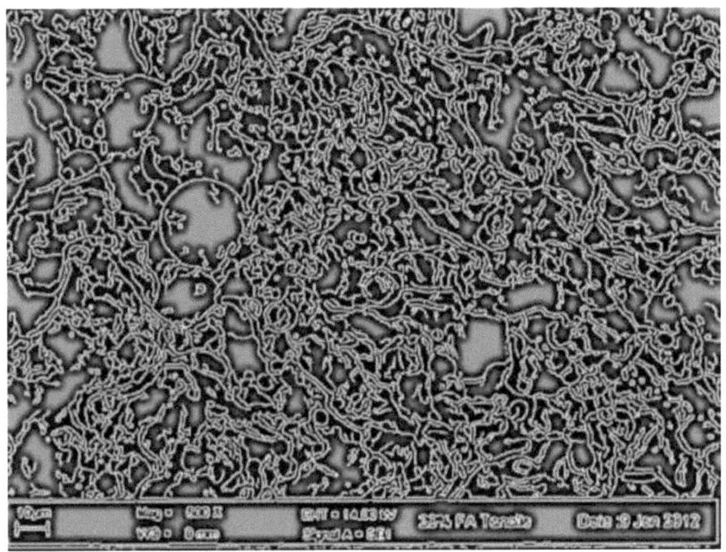

Fig 26. Resultados do processamento de imagens da morfologia da fractura das cinzas volantes tratadas à superfície

(*500)

A força de impacto de Charpy é mostrada na figura 27. Observou-se um aumento significativo da força, mas uma diminuição de 50% de cinzas volantes, o que correspondeu ao módulo. Tanto as propriedades de tracção como as de impacto mostraram que havia uma interacção óptima entre a matriz e os componentes da cinza volante a 20% de cinza volante. Neste ponto, o aumento foi observado em todas as propriedades, ou seja, dureza, tensão de tracção, impacto, módulo e resistência à tracção. A 10% de cinzas volantes, o intercomponente era ligeiramente forte. Com 30% de cinzas volantes, todas as propriedades mostram que a ligação do intercomponente foi reduzida. Nos compósitos onde havia mais partículas de cinzas volantes, observou-se um aumento da dureza, enquanto que uma boa tendência proporcional ainda podia ser observada tanto no módulo como na resistência ao impacto. Uma vez que a resistência ao impacto é a capacidade de um material resistir à fractura sob carga de impacto ou a capacidade de resistir a uma falha quando carregado a alta velocidade, deve notar-se que a tensão aplicada sobre o impacto Charpy é limitada na resistência ao rendimento.

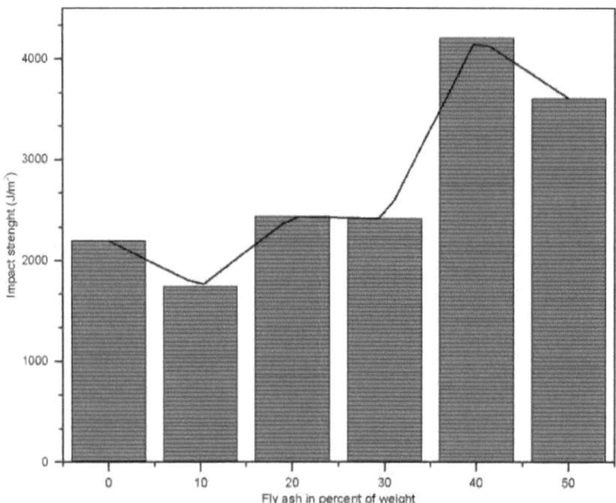

Fig 27. Resistência ao impacto das cinzas de mosca tratadas à superfície

As figuras 28 e 29A mostram uma imagem de superfície SEM de destruição resistente ao impacto de 40% de poliéster cheio de cinzas volantes. A imagem SEM mostrou que as grandes partículas de cinzas volantes desempenharam um papel significativo na garantia da destruição. Podem esperar-se grandes vazios em concentrações mais elevadas de cinzas volantes. A redução do impacto de 50% de cinzas volantes significa que são geradas fissuras devido a grandes vazios, o que contribui para a resistência global ao impacto dos compósitos. Assim, os grandes vazios que estão bem manifestados e nos resultados do processamento da imagem mostrados nas figuras 30 e 31 foram causados por grandes partículas de cinzas volantes que foram facilmente aglomeradas. A cinza volante de 40% é o composto ideal para aplicações de impacto e E-módulos, principalmente devido ao menor conteúdo total de poros.

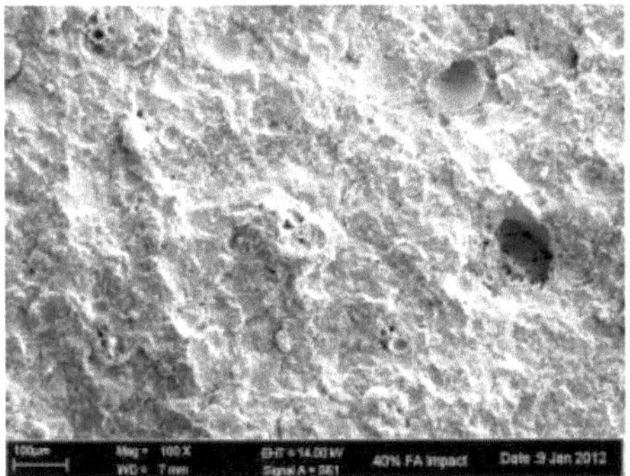

Fig 28. Imagem SEM das cinzas volantes tratadas à superfície (x 100)

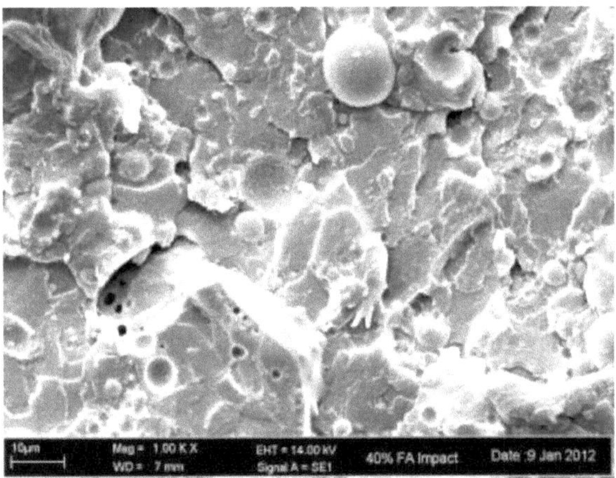

Fig 29. Imagem SEM das cinzas volantes tratadas à superfície (x 1000)

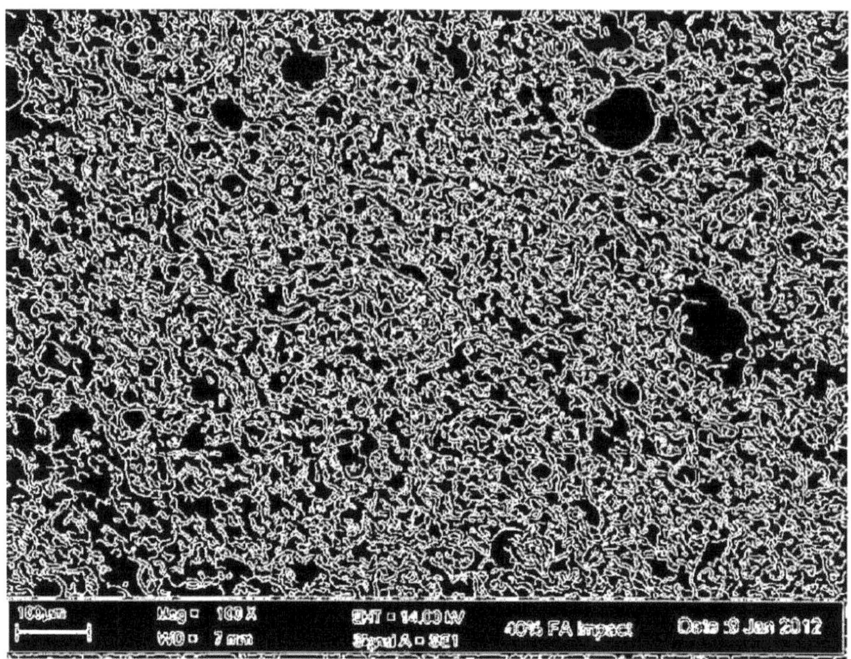

Fig 30. Resultados do processamento da imagem SEM das cinzas volantes tratadas à superfície (x100)

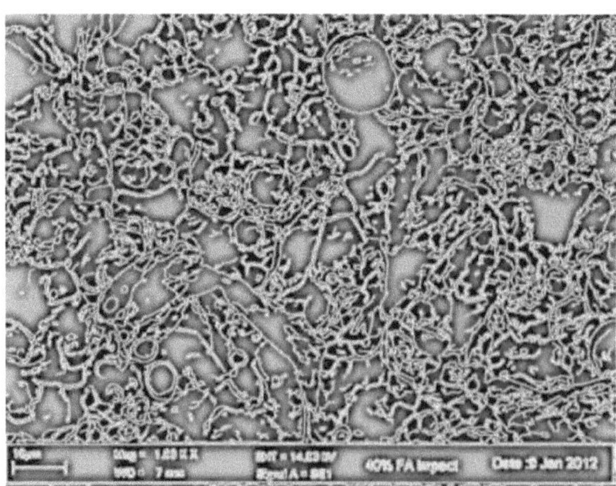

Fig 31. Resultados do processamento de imagens da imagem SEM de cinzas volantes tratadas à superfície (*1000)

4.3 Consolidação da madeira

Das observações registadas após a compactação das partículas de cinzas volantes na madeira, amostras de 1000 °C e 1100 °C foram ligeiramente pulverizadas ao toque. Várias partículas foram separadas das amostras quando foram processadas. Isto explica a sua baixa dureza por Vickers 14,4 e 23,3 HV, respectivamente. Quanto à amostra de 1300 °C, notou-se que o material era mais poroso do que 1200 °C. A porosidade do material afectou a leitura do teste de dureza. Durante o teste de dureza, o material foi frequentemente quebrado, e muitos furos foram perfurados no material. Isto afectou negativamente as leituras de dureza, o que levou ao registo de um valor de dureza mais baixo HV-92 em comparação com uma amostra de 1200 °C de leitura HV de 120. Assim, 1200° C mostrou as melhores propriedades de dureza e parâmetros de superfície.

Fig. 32. Produtos de madeira, sinterizados a 1100° C (esquerda) e 1200° C (direita)

4.4 Introdução à Biomonitorização e Avaliação de Risco de Cinzas Moscas

Os trabalhadores das instalações de processamento de cinzas têm danos significativamente mais elevados no ADN. Foram sugeridas pequenas partículas para induzir a inalação do metal para o corpo humano em funcionamento e, finalmente, danificar o ADN. Por outro lado, a utilização de cinzas volantes como correcção do solo para plantas em crescimento pode levar à acumulação de certos oligoelementos tóxicos e, consequentemente, à supressão do crescimento das plantas juntamente com a degradação das propriedades do solo. Está bem documentado que os metais pesados, especialmente os metais redox, podem causar stress oxidativo na produção excessiva de espécies de oxigénio activo (AOS), tais como radicais superóxidos ( ), radicais hidroxilos ($^{\cdot}$OH) e peróxido de hidrogénio (H_2O_2),

que reagem muito rapidamente com ADN, lípidos e proteínas, causando danos celulares. Metais pesados como o Cu, Zn, Cd, Pb, Ni, Cr, etc. e compostos poli-halogenados em cinzas volantes têm um efeito adverso nos ecossistemas terrestres e aquáticos. A utilização repetida das cinzas volantes como emenda ao solo pode levar à contaminação do solo. Nos materiais de construção que contêm cinzas volantes, os tecidos e as células do corpo sofrem de ataques prolongados de radiação. Isto leva a danos na estrutura das moléculas de ADN e RNA através da electroforese, o que afecta a informação que lhes é transferida, a multiplicação de células e, finalmente, provoca uma mutação dos cromossomas. Em última análise, isto pode levar ao cancro do pulmão. A bio-monitorização e a avaliação dos riscos são necessárias antes de o carbonato de cinzas ser utilizado como uma alteração do solo ou pode ser utilizado para outros fins. As minhocas têm sido amplamente utilizadas para avaliar as reacções biológicas de pesticidas, bifenilos policlorados, hidrocarbonetos policíclicos e metais pesados[26-29] .

5. Poliéster reforçado com serradura

5.1 Introdução

Os resultados apresentados neste capítulo abrangem todas as etapas necessárias para obter um material composto bem sucedido. Esta parte explica as caracterizações e testes necessários para obter os produtos feitos de poliéster compósito reforçado com serradura. No final, é acrescentado o efeito da serradura através do briquete sobre o ambiente.

5.2 Caracterizações e testes

5.2.1 Metodologia

A serradura foi obtida de um carpinteiro local. Dois tipos de compósitos foram feitos usando um método manual modificado de colocação manual. O primeiro compósito continha apenas partículas saturadas de serradura, e o segundo compósito continha uma mistura de serradura e partículas de sílica marinha. As partículas foram então misturadas com o sistema de matriz constituído por poliéster e agente de cura a 1%. Posteriormente, a mistura foi vertida num molde preparado para amostras de teste de nanoindentação. Finalmente, as amostras foram autorizadas a curar à temperatura ambiente. Cinco valores de dureza Vickers foram medidos com uma carga de 200 mN durante 12 segundos utilizando a nanoindentação (NHT^3). Foram obtidos testes de tracção a partir do método de nanoindentação, que dá os dados da curva de tensão-deformação em nanoescala. Finalmente, a MATLAB's Image Processing Toolbox foi utilizada para analisar microestruturas baseadas em detectores de borda.

5.2.2 Investigação Morfológica

A serradura é uma estrutura complexa constituída por um material contínuo, descontínuo, fibroso ou em pó, incorporado numa matriz orgânica actuando como um adesivo. Consequentemente, a madeira é uma composição de monómeros de glucose de celulose fibrosa e polímero orgânico de lignina. As figuras 33 e 34 mostram a morfologia geral dos pós de serradura obtidos. Foi determinado o tipo de lascas, que se forma sob a forma de aglomeração, causada pela presença de cola adesiva. Os resultados do processamento da imagem são mostrados nas figuras 35 e 36. Mostram duas fases diferentes, que são a primeira fase sob a forma de cordas que estão ligadas às fibras, e a segunda fase tem a forma de manchas, o que indica grandes vazios entre as fibras. Na imagem, além das fibras finas que são reconhecidas pelas cordas, as manchas podem apresentar tanto fibras grandes como vazios formados numa estrutura complexa. Além disso, o pó de madeira foi determinado por vários estudos futuros.

Fig. 33. Morfologia da serradura no estado em que é recebida (^{x} 55)

Fig. 34. Morfologia da serradura no estado em que é recebida (*3700)

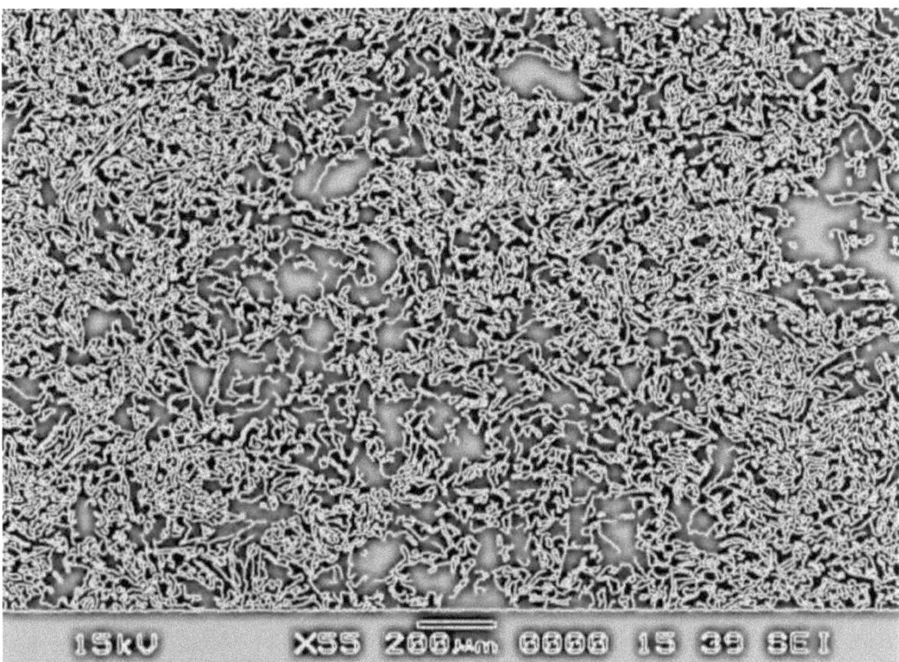

Fig. 35. Resultados do processamento de imagens da morfologia da serradura no estado de recepção (*55)

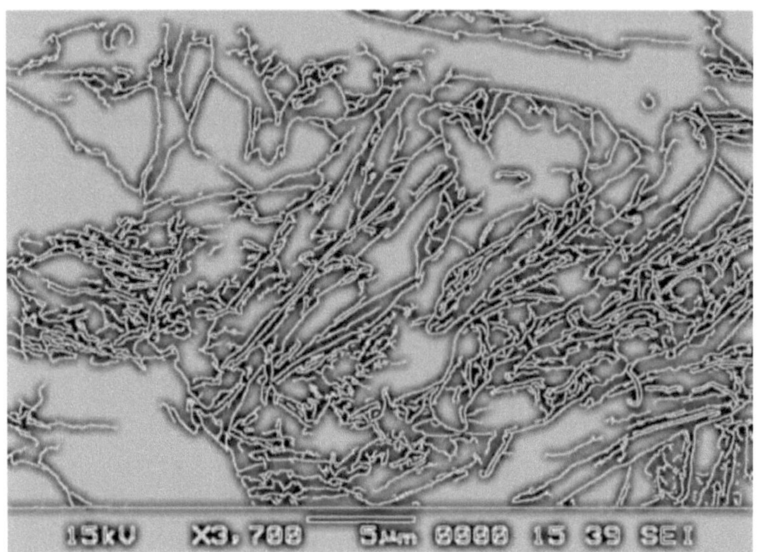

Fig. 36. Resultados do processamento de imagens da morfologia da serradura no estado de recepção (*3700)

A análise elementar do pó de madeira foi realizada utilizando um flash dinâmico, CE Instruments Flash 1112 Series EA CHNS-O Analisador, que dá resultados numa percentagem de peso de 44,99 carbono, 6,04 hidrogénio e 29,66 oxigénio[30] .

O teor de humidade do material de serradura durante a sua preparação pode ser considerado com um tipo ou tamanho específico. A composição da matéria-prima pode atingir 40,1% de celulose, medida como glucano; 28,5% de hemiceluloses medidas como 16,0% manana, 8,9% como xilana, e 3,6% como arabinana; 27,7% da lignina de klason insolúvel em ácido; 0,2% de cinza, e 3,5% de extractos e outros componentes solúveis em ácido, tais como a lignina solúvel em ácido[31] .

O material de serradura consiste em celulose, lignina e hemicelulose. A celulose consiste numa longa cadeia de moléculas de glucose ligadas entre si, principalmente com ligações glicosídicas. A lignina é um polímero complexo constituído por unidades de fenilpropano, que estão reticuladas com várias ligações químicas. As hemiceluloses são polímeros ramificados que consistem em xilose, arabinose, galactose, manose e glucose. As hemiceluloses ligam os feixes de fibrilas celulósicas para formar microfibrilas, que aumentam a estabilidade da parede celular. Também ligam a lignina, criando uma banda complexa de ligações que proporcionam resistência estrutural, e também causam degradação de microrganismos. Além da sua complexa estrutura química, a matriz lignocelulósica de serradura incorpora uma variedade de diferentes grupos funcionais[8] .

A serradura é um material lignocelulósico constituído por celulose, hemicelulose e lignina. A celulose é um tipo de polímero de glucose localizado em cadeias longas e numa estrutura bem ordenada. Por exemplo, a hemicelulose, um polissacarídeo, é uma cadeia de açúcar com uma longa disposição de ramos. O componente lignina consiste em monómeros que estão ligados uns aos outros para formar moléculas ramificadas de cadeia longa. Serve como aglutinante para a colagem de fibras celulósicas. A composição da hemicelulose e da lignina varia consideravelmente de espécie para espécie[7] .

5.2.3 Difracção de Raio X (DRX)

Os resultados do XRD de serradura, dióxido de silício e suas misturas são mostrados nas figuras 37-39. Os precipitados de XRD mostraram que os pós de serradura eram na sua maioria de natureza amorfa, dos quais a quantidade de produtos não cristalinos pode ser vista numa ampla corcunda de 2θ de cerca de 10 a 27 graus. Os picos de cristalinidade, que são os componentes cristalinos da serradura resultante, foram encontrados num valor de 2θ em cerca de $9°$, $14°$, $22°$, e $27°$. Podem referir-se à cristalinidade no intervalo da malha de celulose, que é ordenada. No entanto, a hemicelulose e a lignina são amorfas por natureza[7] . Os resultados XRD de areia marinha mostram dois picos estreitos em $2\theta = 6°$ e cerca de $2\theta = 26°$, que estão associados à fase siliciosa. Além disso, houve um hump médio em torno da base $2\theta = 24°$, indicando a existência de uma fase amorfa. O XRD de serradura mista de dióxido de silício mostrou que tanto a estrutura de celulose como a sílica coexistem. Contudo, a cristalinidade do dióxido de silício é muito superior à da celulose, o que tem um efeito óbvio sobre a matriz de serradura. Isto levou ao desaparecimento de muitos picos de serradura com uma diminuição na fase amorfa.

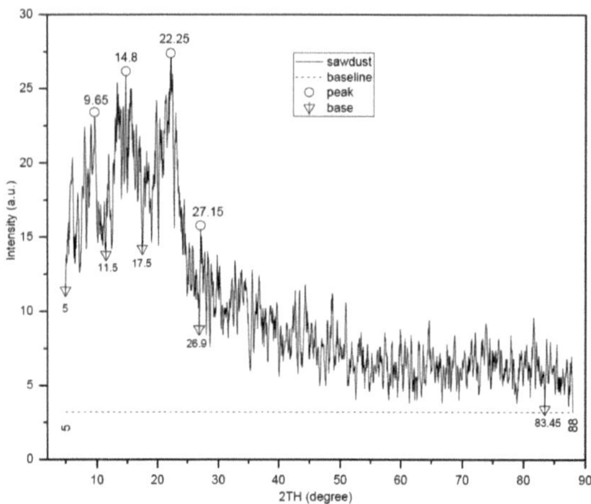

Fig. 37. XRD de serradura

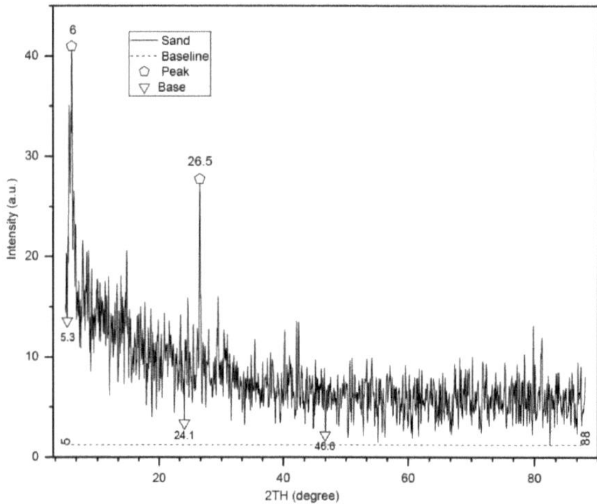

Fig. 38. XRD de sílica

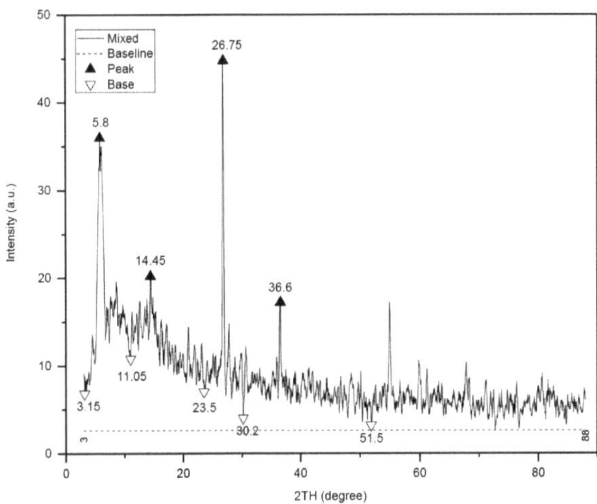

Fig. 39. XRD de serradura modificada de superfície

5.2.4 Espectrometria de Micro-Raman

A dispersão de infravermelhos (IR) e Raman são bem conhecidos como métodos de espectroscopia vibracional. Ambos têm sido utilizados durante décadas como ferramentas para a identificação e caracterização de materiais poliméricos. A espectroscopia Raman fornece informação chave sobre a composição química e estrutura do material. Pode-se ver que os espectros Raman de ambas as formas cristalinas e amorfas de polímeros diferem na medida em que as bandas são muito mais estreitas. Além disso, são observadas alterações muito lentas e são identificadas situações em que a cristalização leva a uma mistura de formas. Em comparação com a espectroscopia Fourier de infravermelhos (FTIR), tanto a espectroscopia FTIR como a Raman adquirem uma impressão espectral de uma substância desconhecida, e depois comparam a impressão digital recolhida com a biblioteca de referência. Ambas medem a interacção da energia com ligações moleculares numa amostra de um material desconhecido. FTIR mede quanta luz é absorvida pelas ligações da molécula vibratória; ou seja, a energia restante da fonte de luz original após a passagem pela substância. Para comparação, Raman mede a energia, que é dissipada após a excitação do laser.

A análise termogravimétrica (TGA), que mede a variação de massa de um material em função da temperatura ou do tempo numa atmosfera controlada, decompõe a madeira da seguinte forma: hemicelulose a 220-315° C; celulose a 15-400° C e toda a pasta é convertida em gás não condensável e vapores orgânicos condensáveis; e lignina a uma temperatura de 160-900° C. A outra madeira foi estudada da seguinte forma A massa começou a diminuir a 200° C. Nesta fase, incluiu a remoção da hemicelulose. A partir de 300° C, a perda de peso foi explicada pela volatilização de substâncias orgânicas, tais como dióxido de carbono, metano e metano sob a forma gasosa. Verificou-se também que o conteúdo volátil era de cerca de 70%, e o conteúdo de carbono fixo foi estimado em 25%[7] .

As figuras 40-41 mostram os espectros da Raman para serradura e serradura modificada com sílica. A maioria dos picos de absorção das amostras apareceram na região de cerca de 300-700 cm^{-1} , e depois um número menor de picos nas regiões de cerca de 1200-1600 cm^{-1} . Havia dois picos de cerca de 3000 cm^{-1} . Com base nos modos vibracionais e nas distribuições das bandas medidas em biomassa lignocelulósica[32] , picos 329, 397, 411, 1344, 1401, 3582 cm^{-1} podiam ser atribuídos aos componentes da celulose, e picos de 526, 635, 686 e 1538 cm^{-1} podiam ser referidos à lignina, enquanto os picos 1264 e 2876 são questionados com componentes convencionais de lignina celulósica. Os modos vibracionais quantitativos de dispersão Raman podem incluir C-C, C=C, C-H, C-O, H-C-C, C-O-H, H-C-H, H-C-H, etc.

O poliéster puro composto por uma resina de poliéster insaturada num solvente reactivo com aditivos menores e um catalisador. A composição é um solvente 35-40% estireno ($C_6H_5CH=CH_2$), não mais de 0,1% um aditivo de silicone para libertação de ar e 1% metilcetona (CH_3C (O) CH_2CH_3) catalisador.

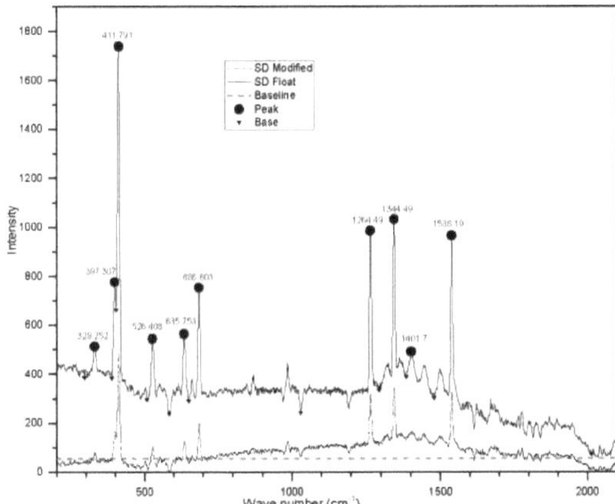

Fig. 40. Raman de serradura e serradura modificada com sílica (200-2100 cm)⁻¹

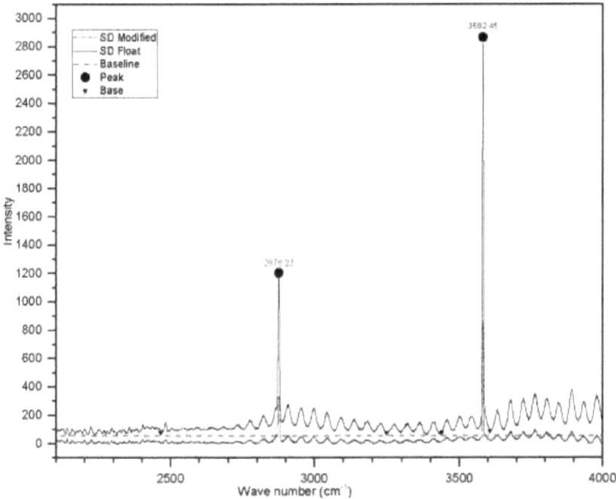

Fig. 41. Raman de serradura e serradura modificada com sílica (2100-4000 cm)⁻¹

O espectro de dispersão Raman de poliéster puro na gama de ondenumbers de 500 a 1500 cm⁻¹ é mostrado na figura 42. As 10 bandas principais (B1-B10) que caracterizam os compostos de poliéster são cerca de 620, 650, 719, 849, 1001, 1040, 1118, 1166, 1282 e 1454 cm⁻¹ . Por outro lado, as bandas correspondentes encontradas nos 20% compostos são mostradas na figura 43, que eram 612, 643, 784, 843, 994, 1031, 1068, 1158, 1268, e 1445 cm⁻¹ . É muito interessante utilizar estes dados para conhecer as mudanças lentas e identificar as situações de cristalização que levam a uma mistura de formas. A figura 44 mostra os valores dos números de onda tanto para o poliéster puro como para o composto seleccionado para encontrar o efeito dos fillers.

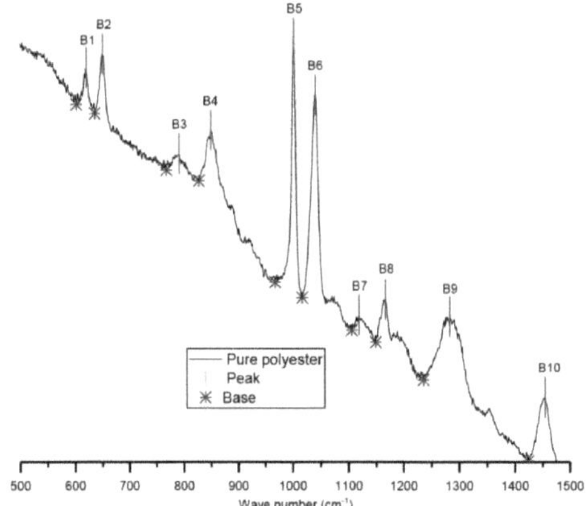

Fig. 42. Raman obtido a partir de poliéster puro

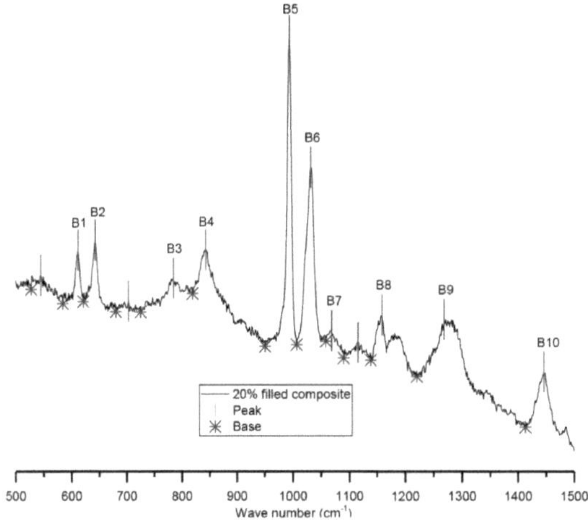

Fig. 43. Raman obtido a partir de compósitos

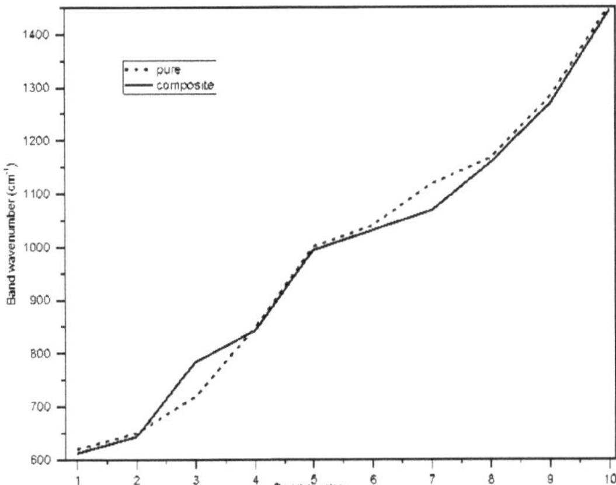

Fig. 44. Números de onda tanto para poliésteres puros como para compósitos

Para confirmar a identificação do poliéster e encontrar alterações no compósito, estes padrões precisam de ser analisados. Foram detectadas bandas de duas semanas a 2947 e 3065 cm^{-1} , atribuídas à frequência de estiramento O-H. A banda encontrada a 1600 cm^{-1} refere-se tanto a anéis de benzoato como de ftalato, e a 1727 cm^{-1} , perto de 1725 cm-1, refere-se ao modo C=O. A absorção a 1454 cm^{-1} mostrou a presença da sequência normal de metileno alifático (1450-1470 cm^{-1}). A faixa de 1282 cm^{-1} pode ser uma vibração de C-O, seja benzoato ou ftalato. Siloxy (Si-O) está na região entre 1000 e 1200 cm^{-1} , mas 1040 cm^{-1} refere-se ao anel de ftalato. Outros picos podem ser identificados a partir do espectro IR como se segue. As faixas de absorção no intervalo de 650 a 850 cm^{-1} e na região de 1100 cm^{-1} , derivadas do componente aromático, são muito características do ftalato, o que confirma a utilização do ácido ftálico como ácido primário, e não dos isoftalatos e tereftalatos. A segunda etapa consiste em conhecer os componentes do poliéster. Deve-se lembrar que os poliésteres insaturados são obtidos de uma mistura de ésteres, compostos químicos derivados de um ácido que polimerizam para formar uma resina reticulada, onde o monómero estireno é utilizado como um agente reticulado comum em vinil. O grau de insaturação é regulado pela quantidade de anidrido ftálico, ácido isoftálico ou ácido teraidroftálico. O efeito dos fillers no poliéster puro leva a um deslocamento para baixo do número de ondas compostas.

5.2.5 Dureza de Nanoindetação

As leituras médias de nanohardness e as amostras correspondentes são mostradas nas figuras 45 e 46, respectivamente. A nanoindentação foi aumentada num gráfico polinomial como se segue. O aumento foi linear quando existiam até 10% de partículas de serradura. O aumento foi grande com uma carga de 15%, quando 5% das partículas de sílica foram adicionadas ao poliéster. Posteriormente, a nano-dureza começou a diminuir quando as partículas de serradura foram colocadas a 5% na matriz. Isto indica que as partículas de serradura aumentam a dureza e para obter uma maior dureza, duas cinzas devem ser adicionadas ao poliéster.

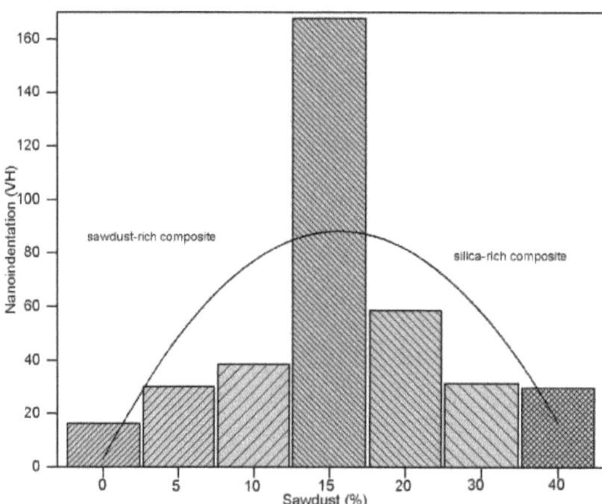

Fig. 45. Leitura média da nano-dureza

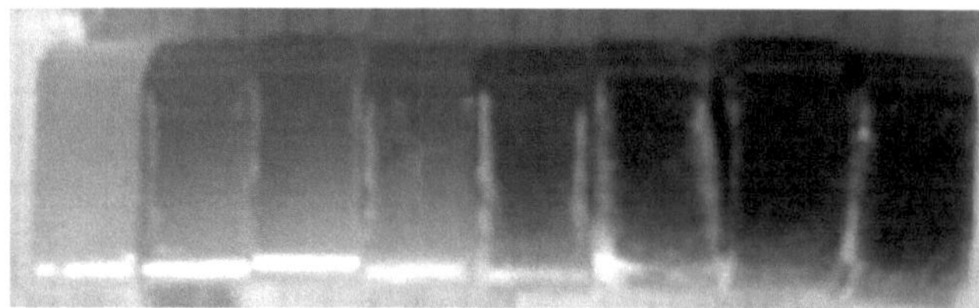

Fig. 46. Amostras puras de poliéster e composto

As misturas compostas são controladas por equações, que muitas vezes variam dependendo do tipo, forma e orientação do reforço ou do enchimento. A regra das equações das misturas é normalmente utilizada para descrever certas propriedades, tais como a concentração de compósitos, e também para descrever propriedades mecânicas, térmicas e outras. As concentrações são geralmente expressas em termos de volume, uma vez que as fracções de volume da carga (v_f) e da matriz (v_m) são obtidas a partir dos volumes v_f e v_m dos componentes individuais. A fracção de volume é a razão entre o volume do componente e o volume do todo. Na prática, é difícil determinar a fracção de volume, uma vez que as diferenças nas dimensões moleculares dos componentes podem dar um volume total que difere da soma dos volumes individuais da mistura. Agora aplicamos as regras ao material composto, constituído por serradura de fibra e composto de matriz, como se segue.

O volume do material composto é igual à soma do volume de fibras e do volume da matriz. Consequentemente, o volume da matriz,

$$v_c = v_f + v_m \qquad (1)$$

Onde v_c é o volume do composto, v_f é o volume da fibra, e v_m é o volume da matriz.

Deixe a fracção de volume da fibra v_f e a fracção de volume da matriz v_m ser definida como

$$V_f = v_f / v_c \qquad (2)$$
$$V_m = v_m / v_c \qquad (3)$$

Assim, a soma da fracção de volume é

$$V_f + V_m = 1 \qquad (4)$$

Quanto à fracção de peso e à densidade, podemos seguir os mesmos procedimentos para obter o seguinte:

$$W_f + W_m = 1 \qquad (5)$$
$$\rho_c = V_f\rho_f + (1 - V_f)\rho_m \qquad (6)$$

Para explicar o comportamento polinomial da dureza do compósito, aplicamos agora a equação (6) aos fillers, que são partículas de sílica esférica e fibras de serradura.

Além disso, a mistura de partículas na matriz polimérica deve ser modelada com a energia cinética das partículas. A energia cinética de um objecto em movimento depende da sua velocidade e é determinada pela equação como se segue:

$$E_k = \tfrac{1}{2} \, m V s^2 \qquad (7)$$

Onde E_k é a energia cinética, m é a massa, e Vs é a velocidade de enchimento durante a mistura. Agora a combinação das equações 6 e 7 leva à seguinte equação.

$$Vs^2 = 2E_k(\rho_f - \rho_m)/v_c\rho_f(\rho_c - \rho_m) \qquad (8)$$

A equação (8) mostra que a velocidade é directamente proporcional a (ρ_f - ρ_m). A densidade dos fillers é crítica para determinar a quantidade de fillers. Portanto, se a densidade for baixa ou a massa de enchimento for inferior ao volume, isso resultará na utilização de um grande número de partículas ou esferas com um grande volume. Portanto, isto irá criar aglomeração ou distribuição desigual de partículas na matriz. Além disso, os aditivos têm características geométricas desfavoráveis, tais como superfícies e aglomerados, devido à composição química da superfície. Isto é muito visível nas imagens dos compostos de superfície mostradas na Figura 47. As fases são muito diferentes da seguinte forma. A região amarela é uma fase de poliéster, a região vermelha é uma fase de serradura, e a região preta é um aditivo de sílica.

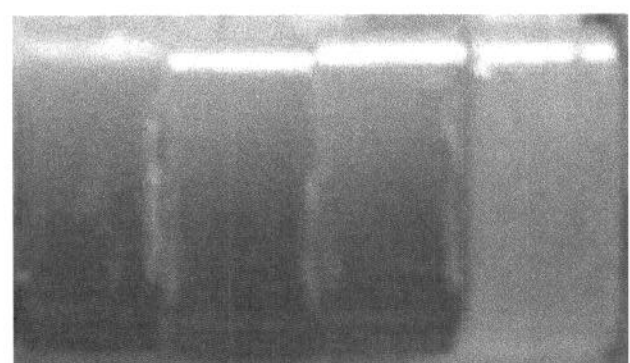

Da esquerda para a direita: 10%, 7%, 5% de compósitos reforçados com enchimento e poliéster puro

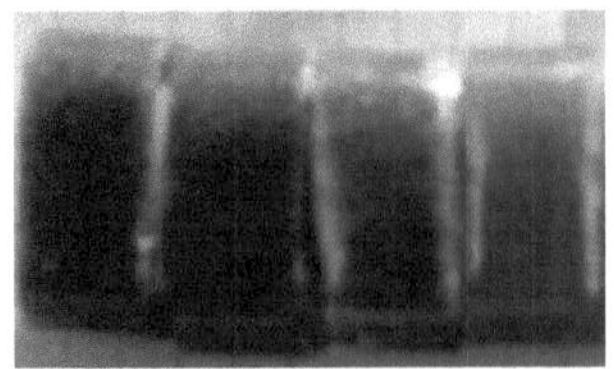

Da esquerda para a direita: 40%, 30%, 20% e 15% de compósitos reforçados de enchimento

Fig. 47. Imagens claras da superfície de poliéster e compósitos

As superfícies dos compósitos são ainda mais estudadas através do processamento da imagem. São também apresentadas as leituras dos Nanoindents no centro e de quatro lados. A figura 48 mostra os resultados do processamento da imagem do poliéster reforçado com 0% de enchimento. Os resultados do processamento de imagem mostraram que o poliéster consiste em muitas fases, tais como formas amorfas e cristalinas. A dureza do poliéster puro é mostrada na figura 49. Observa-se que a leitura mais alta é de 50 VH, e a mais pequena é de cerca de 7 VH. As diferentes leituras correspondem às diferentes fases.

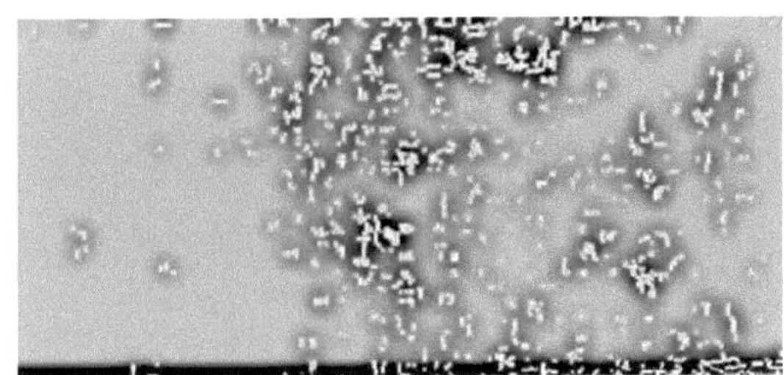

Fig. 48. Resultados do processamento de imagem de poliéster puro

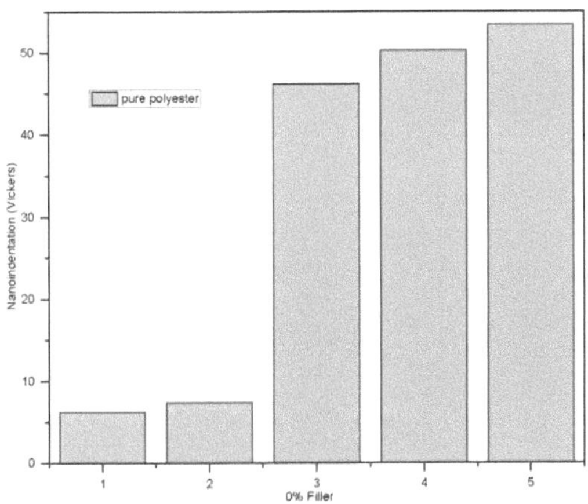

Fig. 49. Leituras de dureza de poliéster puro

A figura 50 mostra o processamento da imagem dos compósitos de poliéster

69

reforçado com 5% de enchimento. A imagem mostra que o enchimento foi disperso na não homogeneidade e que houve uma dispersão de fase semelhante em comparação com o poliéster puro. Os resultados da nano-indentação são mostrados na figura 51. As leituras de dureza são superiores às do poliéster puro, e são de cerca de 30 a 90 HV.

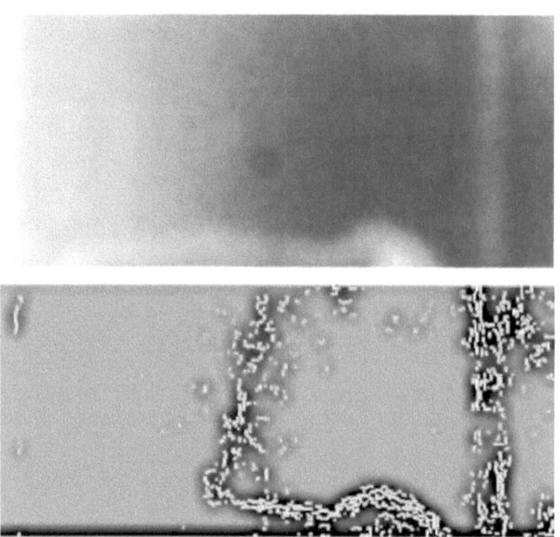

Fig. 50. Resultados do processamento de imagem de compostos a 5%.

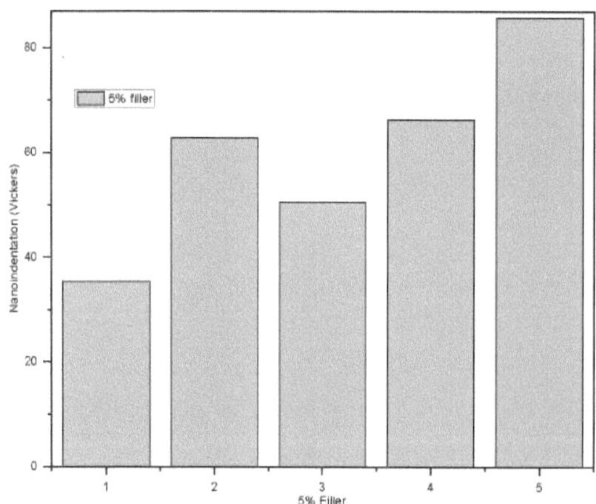

Fig. 51. Leituras de dureza de 5% de compósitos

A figura 52 mostra os resultados do processamento de imagens de 7 por cento de poliéster reforçado com serradura. em comparação com a sua imagem leve, houve duas fases distintas, que são, uma fase rica em poliéster, e uma fase rica em serradura. Isto pode indicar que o poliéster não reage com a microfibra. Uma vez que existem duas fases do poliéster, que são cristalinas e amorfas, a serradura pode assentar em qualquer fase.

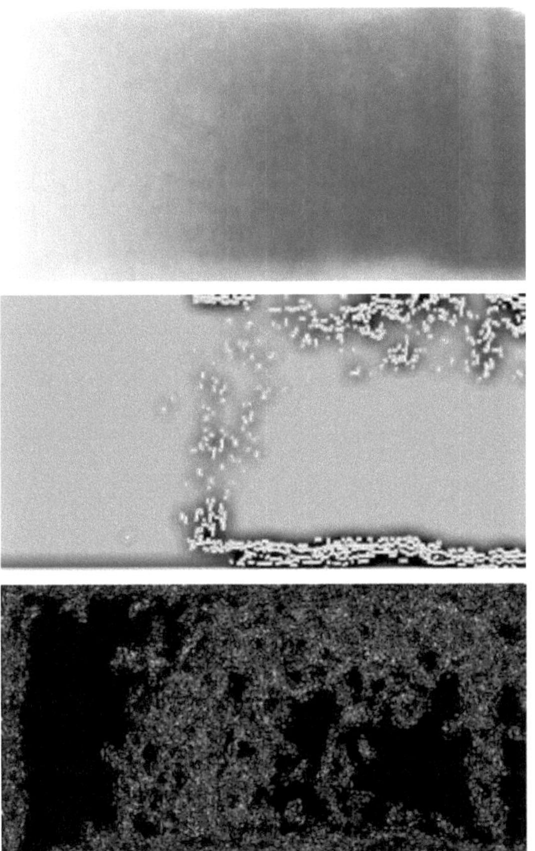

Fig. 52. Resultados do processamento de imagem de compostos a 7%.

A figura 53 mostra os resultados do processamento de imagem com 10% de poliéster reforçado com serradura. Vê-se pela imagem de luz que a fase de poliéster predomina. A imagem processada mostrou que as microfibras coexistiam em toda a matriz de poliéster. Isto é ainda confirmado pelas leituras de dureza mostradas na figura 54. A pequena leitura está relacionada com o poliéster, a leitura média pode estar relacionada com a fase de serradura, e o maior valor deve-se à fase de serradura do poliéster. Mas como 10% da serradura é um valor saturado devido a densidade diferente, isto indica que devem ser utilizados outros aditivos com densidades diferentes.

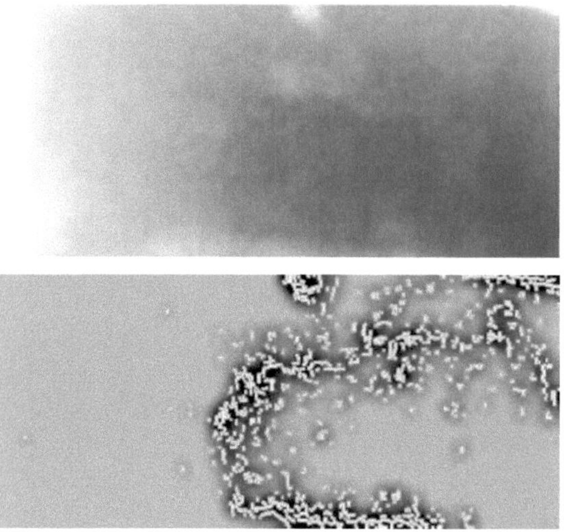

Fig. 53. Resultados do processamento de imagem de 10% de compósito

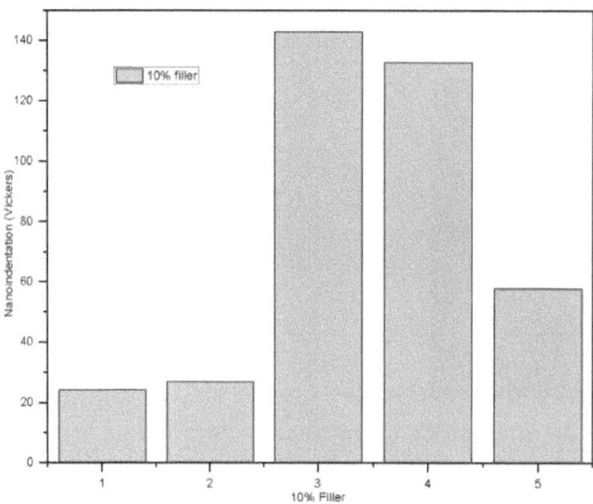

Fig. 54. Leituras de dureza de 10% de composto

As figuras 55-56 mostram 10% de serradura - 5% de composto silício-poliéster. Em comparação com a sua imagem de luz, as três fases coexistiram. A partir do processamento da imagem, é possível ver uma fase quase homogénea. Consequentemente, o maior valor é de cerca de 325 HV, e o menor valor é de cerca de 50 HV. Assim, esta composição pode ser considerada para uma nova aplicação. Então, para aumentar a adição de sílica, a adição de serradura foi reduzida.

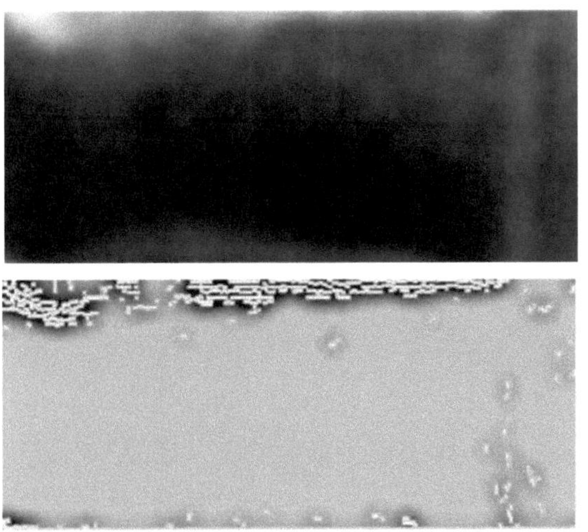

Fig. 55. Resultados do processamento de imagem de 15% de compósito

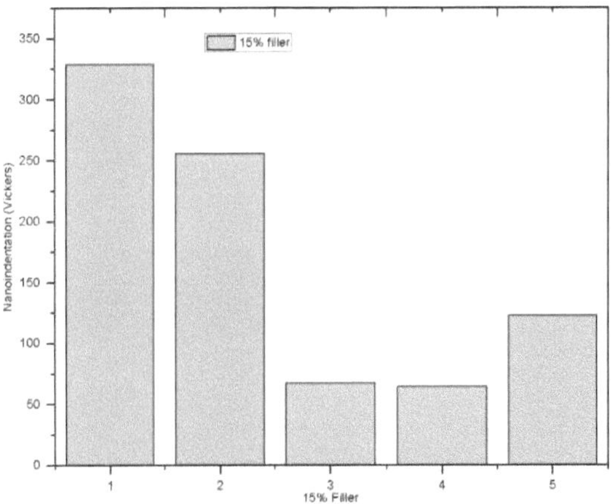

Fig. 56. Leituras de dureza de 15% de compósito

As figuras 57-58 mostram os resultados do processamento de imagem e da nanoindentação de 5% de serradura-15% de compósito silica-poliéster. A partir da imagem da superfície luminosa, uma pequena fase de sílica em combinação com a fase de serradura foi incorporada na fase de poliéster. Os resultados do processamento da imagem mostraram claramente os limites da fase. A leitura da dureza deu uma leitura superior de cerca de 110 HV correspondente à área mais dura, e a leitura mais baixa é de cerca de 15, o que corresponde à fase de poliéster macio.

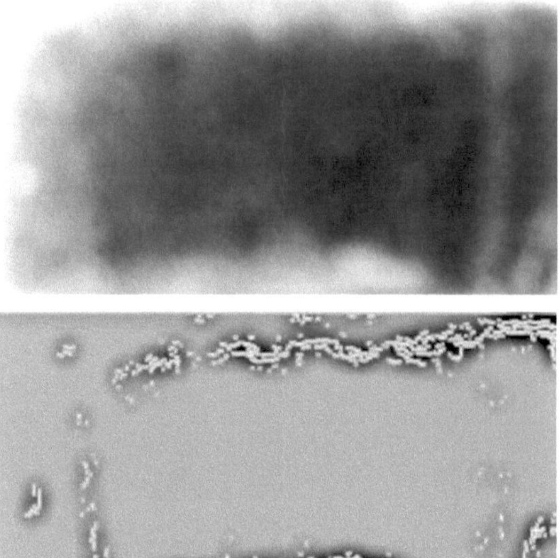

Fig. 57. Resultados do processamento de imagem de 20% de compósito

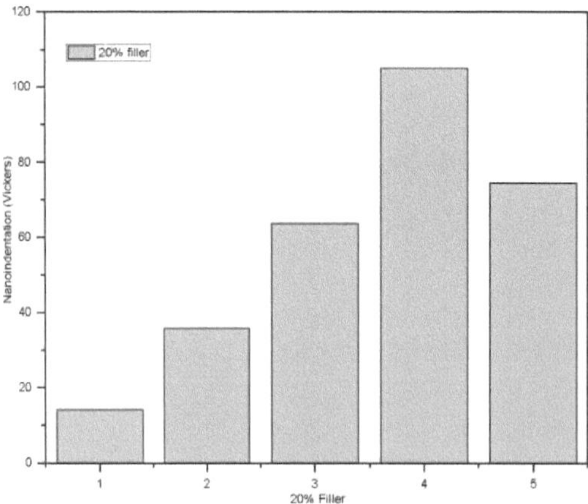

Fig. 58. Leituras de dureza de 20% de composto

As figuras 59-60 mostram os resultados de 5% de compostos de serradura a 25% de silica-poliéster. A partir da imagem da superfície da luz, obtém-se uma distribuição quase uniforme de aditivos, o que também é evidente a partir dos resultados do processamento da imagem. A dureza foi registada entre 20 e 50 HV, o que indica que a fase rica em sílica é suave.

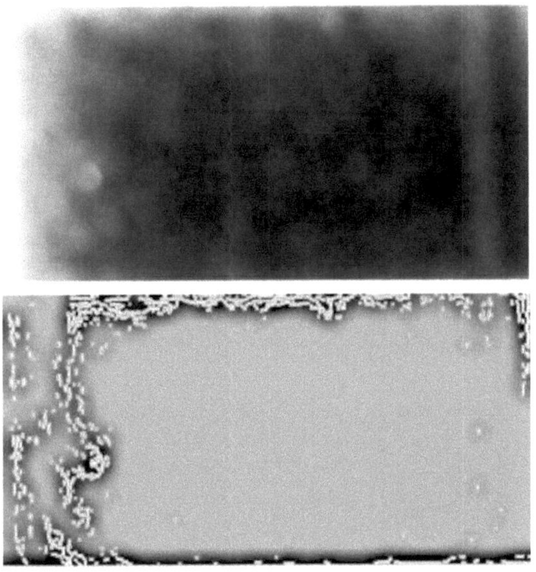

Fig. 59. Resultados do processamento de imagem de 30% de compósito

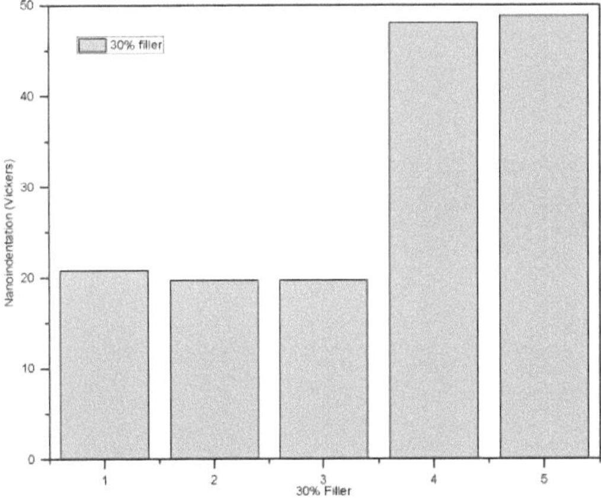

Fig. 60. Leituras de dureza de 30% de composto

As figuras 61-62 representam 5% de serradura + 35% de compósito silício-poliéster. A partir dos resultados da imagem de superfície clara e do processamento da imagem, é óbvio que a fase de sílica é bastante predominante. Isto levou a uma diminuição das leituras de dureza, que é inferior a 50 HV.

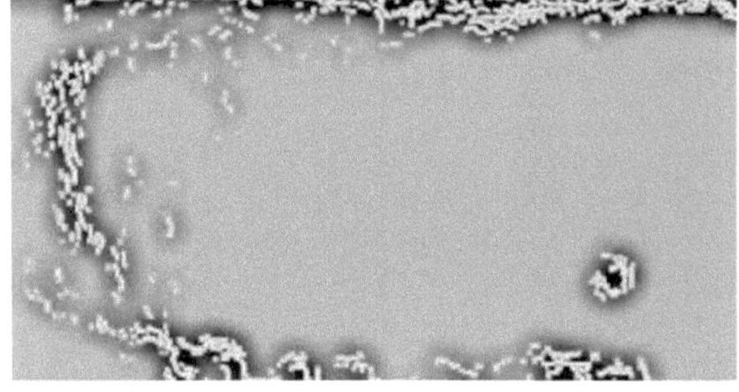

Fig. 61. Resultados do processamento de imagem de 40% de compósito

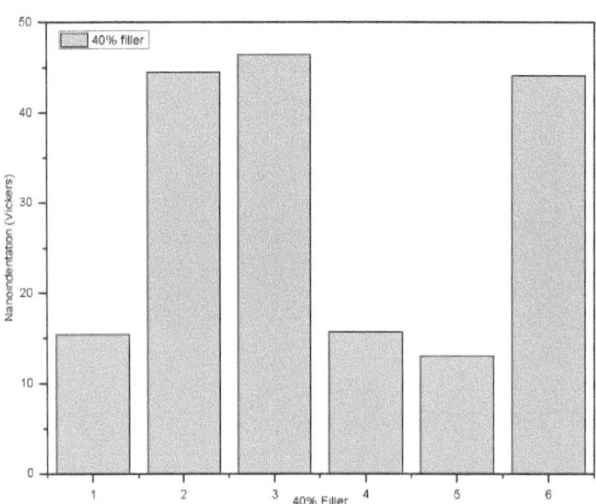

Fig. 62. Leituras de dureza de 40% de compósito

5.2.6. Teste de tracção

No compósito de poliéster reforçado com cinzas volantes, foi utilizado o método tradicional de ensaio de tracção para obter dados sobre a curva de tensão e deformação ao nível macro. No entanto, o método de Nanoindentação é utilizado para fornecer dados críticos da tensão-deformação à escala nanométrica sem a necessidade de um mecanismo grande e intensivo. Portanto, além da dureza, a nanoindentação é escolhida para fornecer informações sobre outras propriedades, tais como o limite elástico, o ponto de rendimento e o módulo de elasticidade. Isto deve controlar a força mecânica de outras formas.

O módulo que é proporcional à dureza é mostrado na figura 63. A curva tensão-deformação inicial do compósito serradura-poliéster, obtida a partir da nanoindentação, é mostrada na figura 64. A curva pode ser considerada como uma forma rápida de melhorar a resistência mecânica. Portanto, pode-se estudar quer a estrutura dos aditivos quer os produtos finais. Assim, são consideradas duas microestruturas diferentes, incluindo microestruturas de serradura e serradura misturadas com sílica, que são mostradas nas figuras 65-66. Está confirmado que a serradura consiste em fibras contínuas e descontínuas distribuídas aleatoriamente, e existem três tipos que são fibras curtas, fibras individuais e fibras duplicadas que foram ligadas por um polímero orgânico de lignina. Por outro lado, pode verificar-se que os vazios entre os arranjos das fibras podem afectar a resistência mecânica. Neste caso, o poliéster pode preencher estes vazios e formar áreas ricas em poliéster que permitem a rápida geração de tensões nos compósitos. A partir do processamento da imagem da microestrutura da serradura misturada com dióxido de silício, podem ser observadas duas regiões que são áreas vazias que representam partículas de sílica e áreas brancas que representam microfibras de serradura. O efeito da sílica nas propriedades mecânicas resultou numa redução dos vazios entre as microfibras, o que pode levar a uma distribuição uniforme da resina de poliéster e a um controlo simples da interface entre a resina de poliéster e as microfibras de serradura.

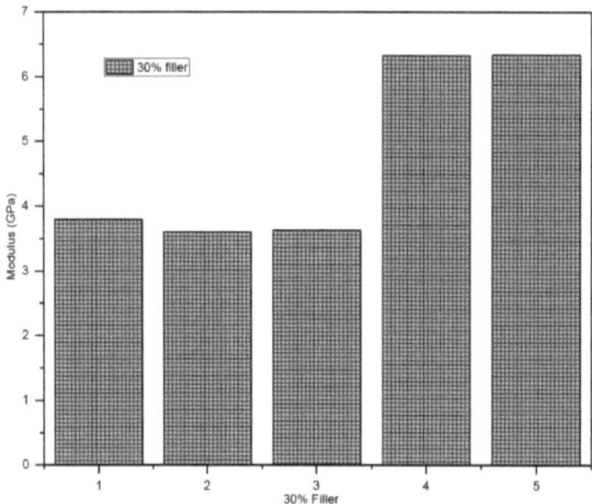

Fig. 63. Módulo de 30% de compostos de serradura

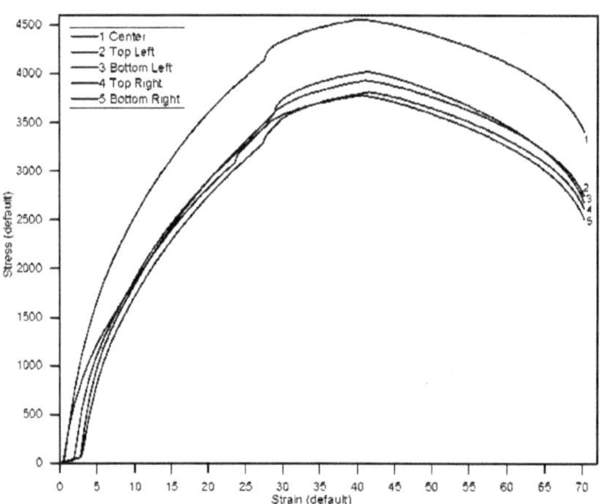

Fig. 64. Deformação plástica inicial por tensão de 30% de compostos de serradura

Fig. 65. Microestruturas de serradura (direita) e serradura misturadas com sílica

(esquerda)

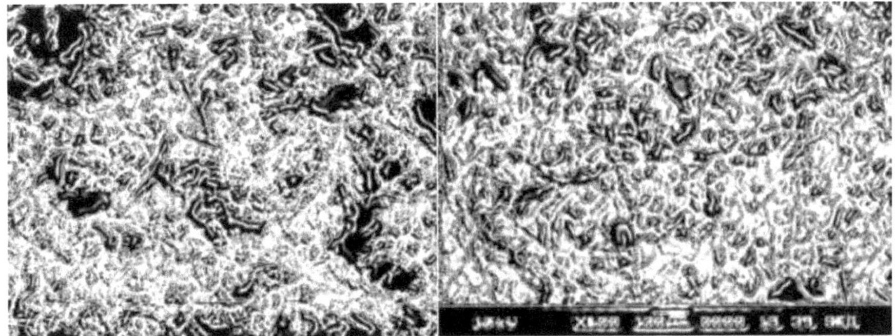

Fig. 66. Processamento de imagem das microestruturas de serradura (direita) e serradura misturadas com sílica (esquerda)

5.3 Impacto ambiental e sanitário

A serradura é um dos principais resíduos gerados pela exploração e transformação da madeira, que são armazenados em condições não controladas, pode ser um factor importante de poluição ambiental. Mas, ao mesmo tempo, é uma das principais fontes de biomassa para a produção de combustíveis sólidos para a produção de calor, tanto num sistema centralizado como em centrais de cogeração e num sistema descentralizado para uso doméstico em caldeiras clássicas para a produção de energia térmica. A transformação da biomassa como um todo e da serradura, em particular, tem um efeito benéfico sobre o ambiente. No entanto, como em qualquer fonte de energia, as emissões de poluentes terão um impacto negativo sobre o ambiente e os sistemas biológicos. Os poluentes resultantes da conversão de briquetes de madeira em energia térmica são cinzas volantes e poluentes atmosféricos libertados através de gases de combustão: monóxido de carbono (CO), compostos orgânicos voláteis, óxidos de azoto (NOx), óxidos de enxofre (SOx) e emissões particulares (PE). Entre estes, NOx e SOx são os componentes dominantes na configuração das emissões. O efeito mais adverso sobre a saúde humana é a libertação de NOx, uma vez que danifica o sistema respiratório humano. Os dados existentes mostram que o NO> 3 ppm leva a medidas quantitativas de danos pulmonares e um valor de 0,1 ppm causa irritação dos pulmões e reduz o trabalho pulmonar, causando o desenvolvimento da asma. A elevada concentração de NO_2 afecta a produção de hemoglobina, limitando o oxigénio nos tecidos humanos. Por outro lado, as emissões de NO_x têm também um impacto negativo na camada de ozono: produz ozono ao nível do solo (smog fotoquímico) e destrói o ozono natural na atmosfera. As emissões de SO_x, reagindo com o oxigénio atmosférico, levam a chuvas ácidas e quedas de neve. Devido à menor quantidade de enxofre na composição química da biomassa sólida, produz uma pequena quantidade de emissões de óxidos de enxofre (SO_x) como resultado da conversão em energia térmica. O CO_2 gerado na combustão da madeira é considerado parte do ciclo do carbono na natureza, sem contar com o poluente atmosférico. Mais de 80% das partículas sólidas encontram-se sob a forma de cinzas geradas pela combustão de gases, ou seja, cinzas volantes, das quais 40% têm um diâmetro <10 micrómetro. Destas, a literatura técnica mostra que 20% se encontram no solo, e todas as outras são libertadas para a atmosfera, onde se podem ter problemas de saúde[5] .

Referências

[1] Marino Xanthos. WILEY-VCH Verlag GmbH & Co KGaA 2005, ISBN 3-52731054-1, pp. 1-16.

[2] Davies Molding LLC. www.daviesmolding.com 2014, 800-554-9208, pp. 1-4.

[3] Zahi S. Int J Mater Eng Innovation 2013, v.4, pp. 241-257.

[4] Zahi S. J. New Technol Mater 2016, v.6, pp. 95-101.

[5] Teodora Deac, Lucian Fechete-Tutunaru, Ferenc Gaspar. Energy Procedia 2016, v.85, pp. 178-183.

[6] Sun Qi, Yao Yan, Cai Jinhui, Zhu Yingying. Energy Procedia 2016, v.88, pp. 600-607.

[7] A Shaaban, Sian-Meng Se, Nona Merry M M Mitan, MF Dimin. Procedia Engineering 2013, v.68, pp. 365-371.

[8] Yamina Djilali, El Hadj Elandaloussi, Abdallah Aziz, Louis-Charles de Me norval. Journal of Saudi Chemical Society 2012, xxx, xxx-xxx.

[9] Larous S, Meniai A-H. Energy Procedia 2012, v.18, pp. 905-914.

[10] Larous S, Meniai A-Hl. Energy Procedia 2012, v.18, pp. 915-923.

[11] D Politi, D Sidiras. Procedia Engineering 2012, v.42, pp. 1969-1982.

[12] Mohammad Amir Firdaus Mazlan et al. Procedia Engineering 2016, v.148, pp. 530-537.

[13] Neetu Singh, Anupama Kumari, Chandrajit Balomajumder. Saudi Journal of Biological Sciences 2016, xxx, xxx-xxx.

[14] Mohamed S Azab. Journal of Taibah University for Science 2008; v.1, pp. 1223.

[15] M Faruk Hossain, Shoumya Nandy Shuvo, MA Islam. Procedia Engineering 2014, v.90, 46-51.

[16] Rahul Kumar et al. Procedia Materials Science 2014, v.6, pp. 551-556.

[17] MF Hossain, MK Islam e MA Islam. Procedia Engineering 2014, v.90, pp. 3945.

[18] S Chowdhury, A Maniar, OM Suganya. Journal of Advanced Research 2015, v.6, pp. 907-913.

[19] Swaptik Chowdhury, Mihir Mishra, Om Suganya. Ain Shams Engineering Journal 2015, v.6, pp. 429-437.

[20] Yang Yu-Fen, Gai Guo-Sheng, Cai Zhen-Fang, Chen Qing-Ru. J Hazard Mater 2006, B133, pp. 276-282.

[21] DCD Nath, S Bandyopadhyay, S Gupta, A Yu, D Blackburn, C White. Appl Surf Sci 2010, v.256, pp. 2759-2763.

[22] DCD Nath, S Bandyopadhyay, J Campbell, A Yu, D Blackburn, C White. Aplicar Sur. Sci 2010, v.257, pp. 1216-1221.

[23] Yoldas Seki, Kutlay Sever, Mehmet Sarikanat, Ali Sakarya, Eren Elik. Compostos: Parte B 2013, v.45, pp. 1534-1540.

[24] Brouwers HJH e Van Eijk RJ. 11th ICCC 2003, Durban, África do Sul, pp. 791-800.

[25] Iftekhar Ahmad, Prakash A Mahanwar. Journal of Minerals & Materials Characterization & Engineering 2010, v.9, pp. 183-198.

[26] Hsiu-Ling C, I-Ju C, e Tai-Pao C. J Hazard Mater 2010, v. 174, pp. 23-27.

[27] Sarita S, Amit KG. Chemosphere 2005, v.61, pp. 1204-1214.

[28] Vijaykumar LM, Kisan MK, e Vikram SG, 2012. J Hazard Mater, v.215-216, pp. 191-198.

[29] Deng-liang H, Guang-fu Y, Fa-qin D, Lai-bao L e Ya-jun L. J Hazard Mater 2010, v.177, pp. 573-581.

[30] Sutham Niyomwas. Energy Procedia 2011, v.9, pp. 522-531.

[31] D Politi, D Sidiras. Procedia Engineering 2012, v.42, pp. 1969-1982.

[32] Jason S Lupoi, Erica Gjersing e Mark F Davis. Frontiers in Bioengineering and Biotechnology 2015, v.3, pp. 1-18.

I want morebooks!

Buy your books fast and straightforward online - at one of world's fastest growing online book stores! Environmentally sound due to Print-on-Demand technologies.

Buy your books online at
www.morebooks.shop

Compre os seus livros mais rápido e diretamente na internet, em uma das livrarias on-line com o maior crescimento no mundo! Produção que protege o meio ambiente através das tecnologias de impressão sob demanda.

Compre os seus livros on-line em
www.morebooks.shop

Printed by Books on Demand GmbH, Norderstedt / Germany